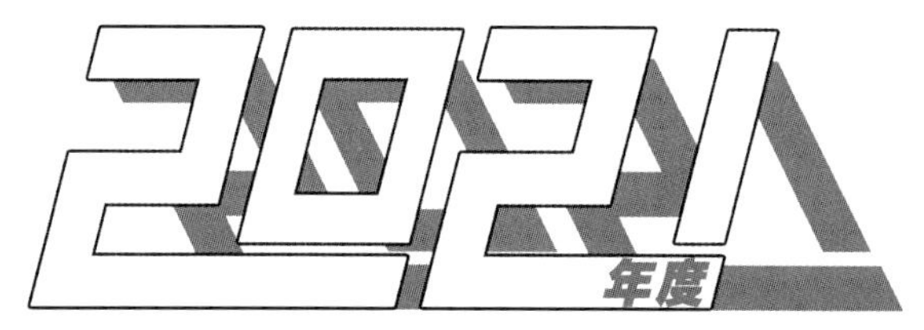

北京市农作物种业发展报告

中国农业科学技术出版社

图书在版编目（CIP）数据

2021年度北京市农作物种业发展报告 / 北京市种子管理站编 .—北京：中国农业科学技术出版社，2022.9

ISBN 978-7-5116-5899-9

Ⅰ. ①2… Ⅱ. ①北… Ⅲ. ①种子—农业产业—产业发展—研究报告—北京—2021 Ⅳ. ① F326.1

中国版本图书馆 CIP 数据核字（2022）第 160387 号

责任编辑 任玉晶
责任校对 王 彦
责任印制 姜义伟 王思文

出 版 者 中国农业科学技术出版社
北京市中关村南大街 12 号 邮编：100081
电 话 （010）82106625（编辑室）（010）82109702（发行部）
（010）82109709（读者服务部）
网 址 https://castp.caas.cn
经 销 者 各地新华书店
印 刷 者 北京科信印刷有限公司
开 本 185mm × 260mm 1/16
印 张 5.75
字 数 96 千字
版 次 2022 年 10 月第 1 版 2022 年 10 月第 1 次印刷
定 价 88.00 元

编写委员会

主　　编：黄生斌　　郭慧杰

副 主 编：福德平　　张连平

编写人员（按姓氏笔画排序）：

牛　茜　　叶翠玉　　刘丹丹　　陈丽华　　律宝春

袁　涛　　高　勇　　黄铃冰　　窦欣欣

CONTENTS

目录

第一章　种业发展环境 // 001

一、全国种业发展环境 ………… 003

（一）出台《种业振兴行动方案》………… 003

（二）启动全国农业种质资源普查 ………… 003

（三）开展全国种业监管执法年活动 ………… 004

（四）出台《“十四五”现代种业提升工程建设规划》………… 004

（五）完成《中华人民共和国种子法》的修订 ………… 004

二、北京市种业发展环境 ………… 005

（一）《北京市种子条例》正式实施 ………… 005

（二）北京种业大会首次升级为国家级盛会 ………… 005

（三）落实国家三项种质资源普查 ………… 006

（四）启动 12 个物种种业联合攻关 ………… 006

（五）种业执法年活动顺利进行 ………… 007

（六）通州计划打造种业硅谷 ………… 007

（七）平谷实施农业中关村三年行动计划 ………… 007

（八）国家玉米种业技术创新中心落地北京 ………… 008

（九）实施良种更换工程 ………… 008

第二章　种业科技创新 // 009

一、科技研发投入情况 …… 011

二、研发人员数量及构成 …… 011

三、研发成果情况 …… 012

（一）育种发明专利申请及授权情况 …… 012

（二）品种审定情况 …… 014

（三）品种登记情况 …… 020

（四）植物新品种保护 …… 023

（五）育种技术创新 …… 026

第三章　种子生产与推广 // 031

一、粮食作物种子生产 …… 033

（一）玉米种子 …… 034

（二）小麦种子 …… 034

（三）水稻种子 …… 034

二、蔬菜作物种子生产 …… 035

三、其他作物种子及种苗生产情况 …… 036

四、北京本地种子生产情况 …… 036

（一）玉米制种情况 …… 036

（二）小麦繁种情况 …… 037

（三）近 10 年本地种子生产变化情况 …… 037

五、2012—2021 年种子企业生产情况分析 …… 038

六、品种推广 …… 039

第四章 种子企业发展 // 041

一、企业数量与类型结构 …… 043

（一）持证企业数量 …… 043

（二）企业结构类型 …… 043

二、企业从业人员数量及结构 …… 044

三、企业科研投入情况 …… 045

四、企业经营情况 …… 045

（一）总体销售情况 …… 045

（二）企业销售情况分析 …… 046

（三）种子销售类型 …… 047

（四）单作物种子销售主导企业 …… 048

（五）北京市零售市场销售情况 …… 049

（六）企业销售集中度与竞争力 …… 049

（七）北京市销售前 10 强企业 …… 050

五、企业利润和资产 …… 051

（一）企业利润情况 …… 051

（二）企业资产情况 …… 052

六、2012—2021 年间北京市持证种子企业发展变化 …… 054

（一）企业数量和资本规模逐年增加 …… 054

（二）企业销售稳中有升 …… 055

（三）企业兼并重组情况 …… 055

第五章 种业管理与服务 // 057

一、种子管理技术支撑体系 …… 059

（一）质量检验检测体系 …… 059

（二）品种试验和评价指标体系 …… 059
（三）行业服务体系 …… 061
二、行业协会服务 …… 063
（一）北京市诚信企业创建活动 …… 063
（二）参加北京企业诚信论坛 …… 063
（三）倡议保护种业知识产权 …… 063
（四）推动玉米产业链可持续发展，支撑产业全面升级 …… 063
（五）2021 年度“最具价值种子经销商”推荐活动 …… 064
（六）出版《2020 年全球玉米种子及产业发展报告》…… 065
（七）驰援河南抗洪救灾 …… 065
附录一　2021 年北京市种子工作大事记 // 066
附录二　2021 年北京市种子工作重要文件 // 068
2021 年北京市设施农业良种更换工作实施细则 …… 069
北京市 2021 年种业监管执法年活动方案 …… 075
北京市农业农村局关于开展保护种业知识产权专项整治行动的通知 …… 081

第一章

种业发展环境

农业现代化，种子是基础。党的十八大以来，党中央对种业高度重视。我国种业科技和产业发展取得了明显成效，北京市也出台多项政策促进现代种业快速发展。2022 年实施《北京市种子条例》，北京市出台种业振兴实施方案，进一步从法制上、政策上加快构建种业创新体系，全面提升自主创新、企业竞争、种源保障和依法治理等方面的能力。

一、全国种业发展环境

（一）出台《种业振兴行动方案》

2021 年 2 月 21 日，中央一号文件明确提出“打好种业翻身仗”，要加强农业种质资源保护开发利用，对育种基础性研究以及重点育种项目给予长期稳定支持，有序推进生物育种产业化应用，加强育种领域知识产权保护，支持种业龙头企业建立健全商业化育种体系。

2021 年 7 月 9 日，中共中央总书记习近平主持召开中央全面深化改革委员会第二十次会议，审议通过了《种业振兴行动方案》，强调把种源安全提升到关系国家安全的战略高度，集中力量破难题、补短板、强优势、控风险，实现种业科技自立自强、种源自主可控。这是继 1962 年出台加强种子工作的决定后，中共中央再次对种业发展作出重要部署。该行动方案明确了种业振兴的指导思想、基本原则和总体目标，提出了重点任务和保障措施，为打好种业翻身仗、推动我国由种业大国向种业强国迈进提供了路线图、任务书。

（二）启动全国农业种质资源普查

2021 年 3 月，农业农村部正式印发《关于开展全国农业种质资源普查的通知》及全国农业种质资源普查总体方案（2021—2023 年），决定在全国范围内开展农作物、畜禽、水产种质资源普查。2021—2023 年，用 3 年时间全面完成第三次全国农作物种质资源普查与收集行动，实现对全国 2 323 个农业县（市、区）的全覆盖；启动并完成第三次全国畜禽遗传资源普查，实现对全国所有行政村的全覆盖；启动并完成第一次全国水产养殖种质资源普查，实现对全国所有养殖场（户）主要养殖种类的全覆盖。通过此次普查，摸清资源家底，有效收集和保护珍稀濒危资源，实现应收尽收、应保尽保。

（三）开展全国种业监管执法年活动

2021年4月28日，农业农村部办公厅印发《2021年全国种业监管执法年活动方案》，开展为期3年的“全国种业监管执法年”活动。活动总体目标：通过加强种业知识产权保护，侵权套牌等违法行为得到有力打击，品种权保护意识明显增强；通过严格品种管理，逐步解决品种同质化问题；通过集中整治和监督检查，制售假劣、非法生产经营转基因种子等行为得到有效遏制，主要农作物种子质量抽查合格率稳定在98%以上；通过强化种业领域日常监管与执法办案的协调配合，种业治理成效更加明显。

（四）出台《“十四五”现代种业提升工程建设规划》

2021年8月12日，国家发展改革委、农业农村部联合印发《“十四五”现代种业提升工程建设规划》，规划指出种业处于农业整个产业链的源头，是建设现代农业的标志性、先导性工程，是国家战略性、基础性核心产业。“十四五”期间，要坚持统筹兼顾、合理布局，问题导向、重点突破，政府引导、多元投入，优化提升、构建体系的原则，紧紧围绕种业振兴重点任务，聚焦资源保护、育种创新、测试评价和良种繁育四大环节，布局建设一批国际一流的标志性工程。

（五）完成《中华人民共和国种子法》的修订

2021年12月24日，十三届全国人大常委会第三十二次会议通过了关于修改《中华人民共和国种子法》的决定，自2022年3月1日起施行。此次修法有以下几个亮点：一是建立实质性派生品种制度。二是扩大植物新品种权的保护范围和保护环节。三是完善侵权赔偿制度。四是进一步强化种业科学技术研究和种质资源保护，推进简政放权，加大处罚力度，从多个方面为推动现代种业发展提供有力法治保障。

二、北京市种业发展环境

在新的发展形势下，北京市提出发挥创新优势再出发、再定位，进一步提升北京种业自主创新能力，瞄准国家粮食安全和重要农产品有效供给，攻关提升玉米、蔬菜等优势作物创新能力。通过探索举办“1+N”种业大会，打造集新品种展示、成果推广、贸易谈判、产业交流于一体的综合性种业盛会，搭建北京种业交易交流服务平台，彰显北京在全国种业行业的示范窗口作用。整合通州区资源，以国际种业园区为核心，建设3万亩[①]永久性种业创新基地保护区，建立完善农作物种业创新公共服务平台和品种展示基地网络，打造国家级农作物种业创新中心。

（一）《北京市种子条例》正式实施

2021年5月11日，北京市政府常务会议审议通过《北京市种子条例（草案）》，提请北京市人大常委会审议；11月26日，北京市第十五届人大常委会第三十五次会议通过了提请市人民代表大会审议条例草案的议案。2022年1月10日北京市第十五届人民代表大会第五次会议审议通过，自2022年4月1日起施行。《北京市种子条例》将“维护国家种源安全、粮食安全、生态安全”写入了立法目的，明确将“推进种业之都建设，促进种业科技自立自强、种源自主可控”作为北京种业的发展目标。

《北京市种子条例》出台是全面推进依法治国、依法治种的重要举措，是推动北京种业健康发展的重大制度创新，标志着北京市种业建设进入一个新的发展阶段，对加快种业发展、增加农民收入、建设种业之都具有重大而深远的意义。

（二）北京种业大会首次升级为国家级盛会

自1992年以来，北京种业大会已连续成功举办了28届，是全国种业行业办会时间最早、持续时间最长、最具规模和影响力的大会之一。2021年10月18日，第二十九届中国北京种业大会在北京园博园召开。该届大会首次升级为国家级的种业

① 1亩≈667平方米，全书同。

大会，主题为“一粒种子 改变世界 种业振兴 北京先行”。大会期间举办中国玉米种子及产业链峰会、北京蔬菜种业峰会、北京畜禽种业峰会、首届北京国际种业论坛共4场峰会。众多院士专家领衔，围绕蔬菜、玉米、畜禽等种业领域的育种创新、生物技术、企业建设、知识产权、国际合作等关键内容作主题演讲，全力推进种业创新发展，系统谋划种业振兴。

该届大会在北京市丰台区王佐镇的世界种子大会品种展示基地和通州区种业园区设置了两个分会场，开展实地品种展示观摩，共展示720个蔬菜和玉米作物优势品种。其中蔬菜品种涉及八大类680个，玉米品种40个。该届大会参展企业达到400余家，覆盖玉米、蔬菜、畜禽和水产育种等领域，还有食品、生物科技等种业产业链上下游企业。大会设置了北京现代种业突出创新成果展，围绕农作物、畜禽、水产、林果花卉四大种业，展示了北京市主要科研单位、种业企业、种业示范基地在基础理论研究、技术创新、品种选育、园区建设等方面取得的重要成果，成为大会亮点之一。

（三）落实国家三项种质资源普查

北京市农作物种质资源普查征集资源349份、系统调查资源436份，超额完成国家任务；畜禽资源面上普查总进度、普查率、上报率实现三个100%，完成了374万个数据上报与审核工作；水产种质资源面上普查841个主体，完成率100%。

经实地考察、专家评审，确定21家市级农业种质资源保护单位，对6万余份农作物种质资源、1.5万份畜禽遗传材料、6个水产品种、2万份农业微生物种质资源实施重点保护。

（四）启动12个物种种业联合攻关

2021年2月9日，北京市启动种质创制和品种选育联合攻关、特色畜禽水产种质资源保护工作，将用3年时间创新改良玉米、小麦、马铃薯、设施蔬菜、蛋鸡、北京黑猪、奶牛、北京鸭、鲟鱼、观赏鱼、桃、乡土树种等12个物种资源、性状或品种，同时开展北京鸭、北京油鸡等5个北京特色畜禽水产种质资源保种，为促进种业振兴探索路径，积累经验。北京市将重点在种质资源引进创制、品种性状改良创新、创新成果产业化、创新创业环境优化以及创新体制改革等领域积极实践，进一步巩固提升创新优势。

（五）种业执法年活动顺利进行

2021年6月4日，北京市农业农村局印发《北京市2021年种业监管执法年活动方案》（京政农发〔2021〕68号）。通过加强种业知识产权保护，有力打击侵权套牌等违法行为，明显增强品种权保护意识；通过严格品种管理，逐步解决品种同质化问题；通过集中整治和监督检查，制售假劣、非法生产、经营转基因种子等行为得到有效遏制，主要农作物种子抽查质量合格率达98.9%；通过强化种业领域日常监管与执法办案的协调配合，种业治理成效更加明显。

（六）通州计划打造种业硅谷

2021年8月13日，北京市委书记蔡奇就农村疫情防控和农业农村现代化到于家务乡检查调研。蔡奇强调，要把现代农业发展得更好，要抓好“种业”这个第一产业中的“高精尖”，打造种业创新高地，要千方百计拓宽农民增收渠道。2021年12月，通州区第七次党代会明确提出了大力发展现代农业，打造全国种业科技产业集聚区；进一步打响国际种业科技园品牌，建设一批国家级现代农业产业示范基地；加大对南部四乡镇发展的支持力度，推动南部四乡镇现代田园综合体建设，进一步明确了工作的任务目标。

通州国际种业科技园区已建立千亩新品种展示基地、3万亩育种基地，可以为全国29个省（区、市）提供育种等服务，着力打造国家“高精尖”种子“硅谷”。

（七）平谷实施农业中关村三年行动计划

2021年年底，平谷区决定推动农业中关村建设三年行动计划、任务清单和十条政策，全面推动农业农村高质量发展和北京国际科技创新中心建设。在大桃种业方面，建成大桃种业研发创新中心、大桃种质资源圃、新品种试验观摩展示基地、良种种苗繁育基地、抗重茬砧木育种基地等“一中心一圃三基地”。在蔬菜种业方面，新建一家集“规模化经营、标准化生产、品牌化销售”于一体的综合服务型蔬菜集约化育苗中心，带动全区蔬菜产业健康发展。

（八）国家玉米种业技术创新中心落地北京

2021年3月24日科技部正式批复国家玉米种业技术创新中心落地北京，10月18日举办揭牌仪式，这是我国农业领域首批国家级技术创新中心。该中心由先正达集团牵头，联合有关高校、科研院所及骨干企业，通过产学研融合，共同开展玉米关键和共性基因产业化、现代生物育种技术创新与应用、种质资源改良与创新研究、优势玉米品种选育等工作，为提升我国玉米种业创新能力提供支撑，促进玉米产业高质量发展。

（九）实施良种更换工程

2020年秋季，北京市实施小麦良种更新换代工程，惠及了全市74个乡镇近万种植户，调动了农民生产的积极性，加快了小麦优新品种推广，为北京市粮食稳产保供奠定基础。2021年全市小麦夏收面积19.5万亩，比2020年增加7.2万亩，增长58.5%；总产量6.8万吨，比2020年增加2.3万吨，增长50.5%。2021年全市小麦种植良种覆盖率100%，优新品种覆盖率较2020年提高了56.8%。

2021年，北京市开展了设施农业良种更换工作，覆盖了12个涉农区，105个镇，采取农民自愿、先种后补的方式，共对6.4万亩设施蔬菜进行品种更换补贴，累计补贴金额1 247.84万元。

第二章

种业科技创新

科技创新是种业的核心竞争力。北京市种业科研单位众多，多年来在种业基础研究、育种技术、品种选育方面一直处于全国领先地位，特别是2011年国务院印发《关于加快推进现代农作物种业发展的意见》以来，北京市在种业科研上有侧重点地持续加大科研投入，科研单位在基础性研究方面取得了多项突破性研究成果，种业企业在品种选育方面逐渐成为主导力量，政府多方促进科企合作，通过联合攻关等种业项目加快种业创新和成果转化，稳固北京市种业创新中心地位。

一、科技研发投入情况

2021年，中国农业科学院蔬菜花卉研究所、作物科学研究所及生物技术研究所，北京市农林科学院蔬菜研究所、玉米研究所及杂交小麦研究所，中国农业大学及北京农学院8家北京市主要种业科研单位（以下简称“北京市几家主要科研单位”）得到国家级、市级各类科研资金投入4.28亿元，较2020年度增加了4%。其中，隶属于北京市的4家科研单位获拨科研经费共计0.61亿元，较2020年度减少32%，其中来自北京市财政投入资金量为0.28亿元。其余4家科研单位获拨经费共计3.67亿元。

2021年北京市持证种子企业科研总投入为5.33亿元，与2020年相比减少25%。

二、研发人员数量及构成

2021年北京市种业企业科研人员总数为1 733人，占企业职工总数的22%；北京市几家主要科研单位专职科研人员1 374人，占其职工总数的72%。从学历构成上看，几家主要科研单位有博士959人、硕士607人、本科199人。科研单位的人员学历构成最多的是博士，占科研人员总数的70%。全市共有在站博士后184人，在全国各省（区、市）中居首位，聚集了众多种业科技高端人才。

三、研发成果情况

（一）育种发明专利申请及授权情况

2021年，我国共公开育种发明专利申请3 284[①]件，其中大专院校1 336件，科研单位1 142件，企业639件，个人94件、其他类型（机关团体等）73件。2021年共公开育种发明专利授权2 138件，其中大专院校949件，科研单位879件，企业268件，个人10件、其他类型（机关团体等）32件。

2021年公开的北京市育种发明专利申请为351件，占全国育种发明专利申请总量的10.7%，位于全国首位；育种发明专利授权336件，占全国发明总授权量的15.7%，位居全国首位。在公开的育种发明专利申请中，来自科研单位的申请为222件，占全市申请量的63.3%，其中中国农业科学院作物科学研究所以67件申请量位居各单位之首，占全市申请量的19.1%；中国农业大学等8家大专院校的申请量为100件，占全市申请量的28.5%，这其中中国农业大学以57件的申请量位居各院校之首，占全市申请量的16.2%；企业的申请量为23件，占全市申请量的6.6%，其中科稷达隆生物技术有限公司以7件的申请量位居企业首位；个人和机关团体各申请3件，均占全市申请量的0.9%。具体数据见表2-1和表2-2。

表2-1 北京教学科研单位及个人育种发明专利申请和授权量分布情况

序号	申请单位 / 个人	申请量（件）	授权量（件）
1	中国农业科学院作物科学研究所	67	50
2	中国农业大学	57	59
3	中国科学院遗传与发育生物学研究所	35	39
4	北京林业大学	25	20
5	中国农业科学院生物技术研究所	23	30
6	中国科学院植物研究所	18	19
7	北京市农林科学院	14	31
8	中国农业科学院蔬菜花卉研究所	12	8

① 以第一申请和获权单位进行统计。

续表

序号	申请单位 / 个人	申请量（件）	授权量（件）
9	中国农业科学院植物保护研究所	10	12
10	中国林业科学研究院林业研究所	10	2
11	国际竹藤中心	7	2
12	中国科学院微生物研究所	6	1
13	北京科技大学	6	3
14	中国医学科学院药用植物研究所	6	7
15	北京农学院	4	6
16	中国农业科学院北京畜牧兽医研究所	3	3
17	清华大学	3	8
18	北京农业生物技术研究中心	3	2
19	北京大学	3	2
20	中国林业科学研究院	2	2
21	北京市农业技术推广站	2	
22	北京市林业果树科学研究院	2	
23	中国中医科学院中药研究所	1	3
24	向丽	1	
25	宋国宏	1	
26	首都师范大学	1	2
27	刘志强	1	
28	北京中医药大学	1	
29	北京市植物保护站	1	
30	北京市海淀区植物组织培养技术实验室	1	
31	北京市房山区种植业技术推广站	1	
32	北京农业智能装备技术研究中心	1	1
33	中国农业科学院农产品加工研究所		3
34	中国农业科学院农业资源与农业区划研究所		1
35	中国农业科学院蜜蜂研究所		1
36	中国林业科学研究院华北林业实验中心		1
37	中国科学院地理科学与资源研究所		1
38	中国标准化研究院		1
39	李佳		1
	合计	328	321

表 2-2 北京种业企业育种发明专利申请和授权量分布情况

序号	申请单位	申请量（件）	授权量（件）
1	科稷达隆（北京）生物技术有限公司	7	
2	先正达生物科技（中国）有限公司	3	1
3	未名生物农业集团有限公司	2	
4	北京首佳利华科技有限公司	2	2
5	柒久园艺科技（北京）有限公司	1	
6	金苑（北京）农业技术研究院有限公司	1	
7	北京欣康研医药科技有限公司	1	
8	北京清美科技集团有限公司	1	
9	北京花乡花木集团有限公司	1	1
10	北京大北农生物技术有限公司	1	4
11	中信建设有限责任公司	1	
12	中农实创（北京）环境工程技术有限公司	1	
13	北京孔氏中医院	1	
14	北京智育小麦生物科技有限公司		3
15	未名兴旺系统作物设计前沿实验室（北京）有限公司		1
16	北京花乡花卉科技研究所有限公司		1
17	北京必洁仕环保新技术开发有限责任公司		1
18	航天（北京）食品技术研究院		1
	合计	23	15

2021年，全国公开转基因育种发明专利申请1 831件，授权1 282件。其中北京市申请289件，授权278件，均居全国首位，分别占全国申请量和授权量的15.8%和21.7%。其中中国农业科学院作物科学研究所以62件申请量、中国农业大学以54件授权量位居各单位之首。

（二）品种审定情况

1. 国审品种情况

2021年，国家农作物品种审定委员会共审定品种1 875个，其中北京市相关单位选育的167[①]个，占国审品种总数的8.91%（图2-1），位居全国第三（安徽第一，

① 以第一申请单位进行统计。

185个）。北京市国审玉米品种数占国审玉米品种总量的14.6%，水稻、小麦、大豆和棉花对应占比分别为2.1%、7.1%、7.0%和5.1%。通过国审的167个品种来自全市38家单位，包含32家种业企业、6家教学科研单位。其中，中国农业科学院作物科学研究所选育的品种19个，位居各单位之首。详情见表2-3、表2-4。

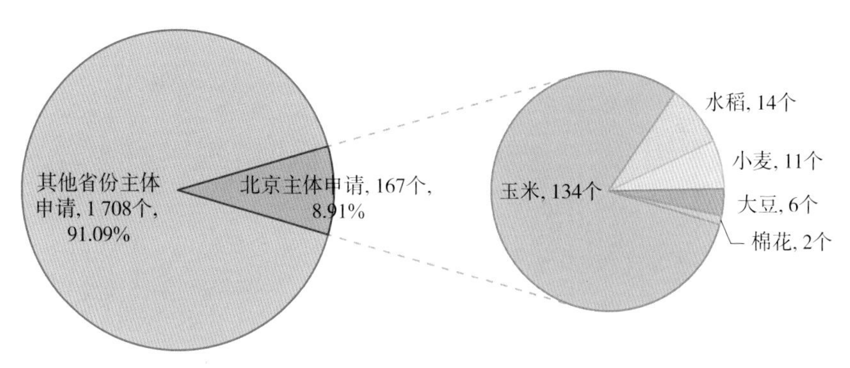

图2-1 通过国审品种构成

表2-3 北京种业企业国审品种分布情况 （单位：个）

序号	申请单位	玉米	水稻	棉花	合计
1	北京联创种业有限公司	18			18
2	北京金色农华种业科技股份有限公司	3	12		15
3	中地种业（集团）有限公司	10			10
4	北京中农斯达农业科技开发有限公司	10			10
5	北京华农伟业种子科技有限公司	10			10
6	北京顺鑫种业科技研究院有限公司	9			9
7	德农种业股份公司	7			7
8	北京屯玉种业有限责任公司	5			5
9	北京新实泓丰种业有限公司	4			4
10	北京金农科种子科技有限公司	4			4
11	垦丰科沃施种业有限公司	3			3
12	北京四海种业有限责任公司	3			3
13	北京龙耘种业有限公司	3			3
14	北京粒隆种业科技有限公司	3			3
15	先正达种苗（北京）有限公司	2			2

续表

序号	申请单位	玉米	水稻	棉花	合计
16	北京中农华瑞农业科技有限公司	2			2
17	北京顺鑫农科种业科技有限公司	2			2
18	北京舍得方硕农业发展有限公司	2			2
19	北京农科院种业科技有限公司	2			2
20	北京绿亨玉米科技有限公司	2			2
21	北京联丰良种技术有限公司	2			2
22	北京九鼎九盛种业有限责任公司	2			2
23	北京高锐思农业技术研究院	2			2
24	北京奥瑞金种业有限公司	2			2
25	北京保民种业有限公司	2			2
26	北京中农金科种业科技有限公司			1	1
27	北京金色丰度种业科技有限公司	1			1
28	北京华耐农业发展有限公司	1			1
29	北京华奥农科玉育种开发有限责任公司	1			1
30	北京广源旺禾种业有限公司	1			1
31	北京登海种业有限公司	1			1
32	北京德农北方育种科技有限公司	1			1
	合计	120	12	1	133

表 2-4　北京教学科研单位国审品种分布情况　（单位：个）

序号	申请单位	玉米	水稻	小麦	大豆	棉花	合计
1	中国农业科学院作物科学研究所	2	2	9	6		19
2	北京市农林科学院玉米研究中心	10					10
3	北京杂交小麦工程技术研究中心			2			2
4	中国农业科学院生物技术研究所					1	1
5	中国农业大学	1					1
6	中国科学院遗传与发育生物学研究所	1					1
	合计	14	2	11	6	1	34

2. 省审情况

2021 年，全国各省审定品种共计 4 662 个次[①]（一个品种在两个省份审定为 2 个次），其中由北京市各育种单位申请审定品种 95 个次，占省审品种总量的 2%，位居全国第十九位（吉林第一位，367 个次）。这些品种由全市 38 家育种单位选育，其中种业企业申请审定品种 58 个次，占总量的 61.1%；教学科研单位通过审定品种 37 个次，占总量 39%（图 2-2）。中国农业科学院作物科学研究所审定品种 21 个次，位居各单位之首。

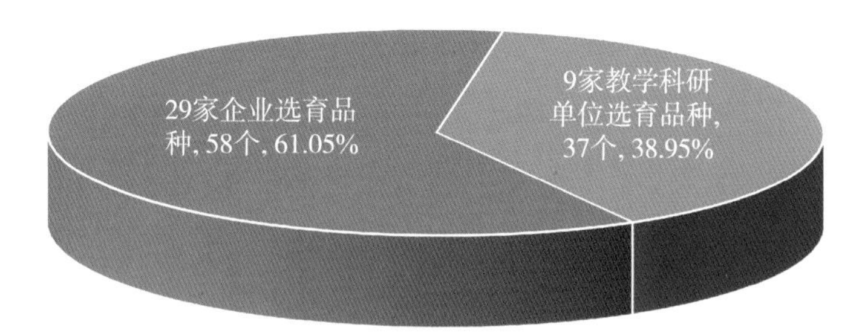

图 2-2 北京市省审品种选育单位构成

95 个审定品种涵盖五种作物，其中玉米 59 个、小麦 20 个、大豆 9 个、水稻 5 个、棉花 2 个（图 2-3），五种作物通过省审的品种数量分别占全国省审品种总数的 2.7%、3.7%、3.0%、0.3% 和 2.0%。

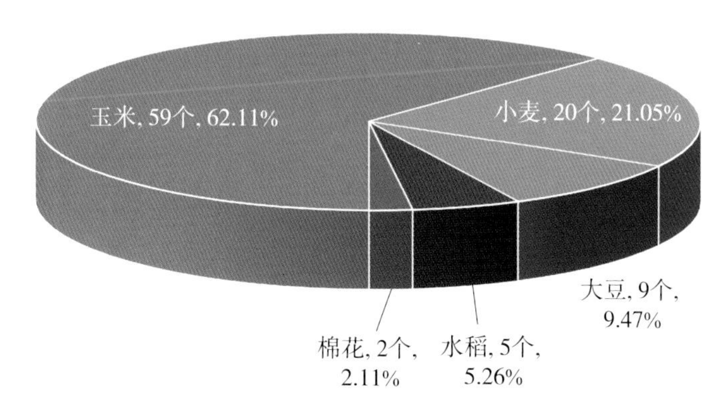

图 2-3 北京市省审品种的作物构成

2021 年，北京市种业企业和科研单位省级审定品种数量详见表 2-5 和表 2-6。

① 以第一申请单位进行统计。

表 2-5 北京种业企业省审品种分布情况 （单位：个次）

序号	申请单位	玉米	水稻	小麦	合计
1	北京开心格林农业科技有限公司	7			7
2	北京中农斯达农业科技开发有限公司	5			5
3	北京保民种业有限公司	5			5
4	东方正大种子有限公司	4			4
5	北京中农同丰农业科技有限公司	3			3
6	北京金色农华种业科技股份有限公司	2	1		3
7	北京宝丰种子有限公司	3			3
8	景福源（北京）科技有限公司	2			2
9	北京智种生物技术研究有限公司	2			2
10	北京新中品开元农业发展有限公司	2			2
11	北京联创种业有限公司	2			2
12	北京华耐农业发展有限公司	2			2
13	北京华奥农科玉育种开发有限责任公司	2			2
14	中泰天禾（北京）农业生物技术有限公司	1			1
15	先正达种苗（北京）有限公司	1			1
16	先胜达（北京）农业科学研究有限公司	1			1
17	北京中农三禾农业科技有限公司	1			1
18	北京中农大康科技开发有限公司	1			1
19	北京中邦泰和农业科技有限公司	1			1
20	北京新锐恒丰种子科技有限公司	1			1
21	北京顺鑫种业科技研究院有限公司	1			1
22	北京顺鑫农科种业科技有限公司	1			1
23	北京首佳利华科技有限公司			1	1
24	北京绿亨玉米科技有限公司	1			1
25	北京龙耘种业有限公司	1			1
26	北京金色阳光种业有限公司	1			1
27	北京金农科种子科技有限公司	1			1
28	北京丰捷一佳农业科技有限公司	1			1
29	北京奥立沃种业科技有限公司	1			1
	合计	56	1	1	58

表 2-6　北京教学科研单位省审品种分布情况　　　　（单位：个次）

序号	申请单位	玉米	小麦	大豆	水稻	棉花	合计
1	中国农业科学院作物科学研究所		10	9	2		21
2	中国科学院遗传与发育生物学研究所		6		1		7
3	中国农业科学院生物技术研究所					2	2
4	北京杂交小麦工程技术研究中心		2				2
5	中国科学院植物研究所				1		1
6	北京市农业技术推广站	1					1
7	北京市农林科学院玉米研究中心	1					1
8	北京农学院	1					1
9	中国农业科学院植物保护研究所		1				1
	合计	3	19	9	4	2	37

3. 企业创新能力稳步提升

2012—2021 年，北京市育种主体通过审定的品种 1 536 个，其中，通过国审的品种 816 个，通过省审的品种 720 个。种业企业选育的品种通过审定数量稳步增加，从 2012 年的 16 个增至 2020 年的 229 个。近几年企业审定品种占比稳定在 70% 以上。（表 2-7）。

表 2-7　2012—2021 年北京市企业和教学科研单位审定品种数量比较

年度	国审品种（个次）		省审品种（个次）		企业合计（个次）	企业占比
	企业	教学科研	企业	教学科研		
2012 年	4	5	12	12	16	48.48%
2013 年	2	2	48	7	50	84.75%
2014 年	6	6	65	10	71	81.61%
2015 年	9	9	68	6	77	83.70%
2016 年	8	6	59	12	67	78.82%
2017 年	58	6	55	33	113	74.34%
2018 年	111	40	55	49	166	65.10%
2019 年	114	26	37	29	151	73.30%
2020 年	187	50	42	26	229	75.08%
2021 年	133	34	58	37	191	72.90%
合计	632	184	499	221	1131	73.63%

注：科研单位中包含个人育种情况。

（三）品种登记情况

2021 年，通过农业农村部登记的非主要农作物品种 2 641 个，其中北京市相关单位申请的品种 207 个[①]，占全国登记品种总数的 7.84%。北京市历年通过登记的品种数量见表 2-8。

表 2-8　北京历年通过登记品种数量

年度	2017 年	2018 年	2019 年	2020 年	2021 年
登记品种数量	77	394	297	570	207

注：非主要农作物品种登记制度 2017 年 5 月 1 日起实施

通过登记的 207 个品种涉及高粱、向日葵、甜菜、大白菜、结球甘蓝、黄瓜、番茄、辣椒、西瓜、甜瓜、苹果、葡萄共计 12 种非主要农作物，各作物登记品种数量详见图 2-4。其中，番茄和辣椒登记品种数量最多，分别为 63 个和 44 个，两类品种登记数量占比超过当年登记品种总数的 50%；其次是甜菜，登记品种 38 个，占比 18%；登记品种数量 10 个以上的作物种类还有大白菜、西瓜、结球甘蓝和甜瓜；以上七类作物共登记品种 196 个，占当年登记品种总数的 95%。

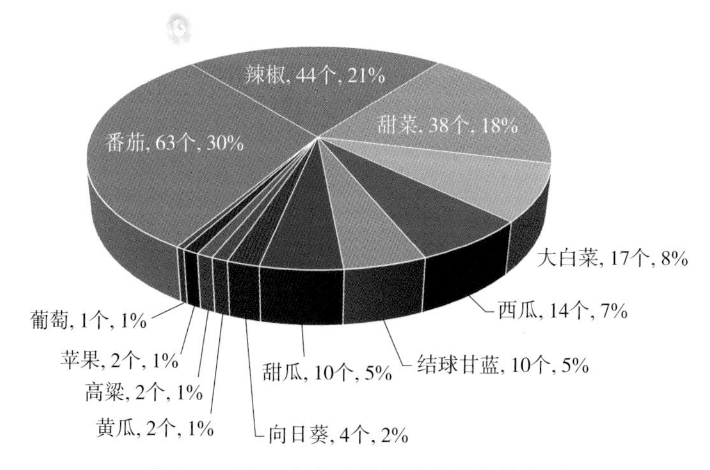

图 2-4　2021 年北京登记品种的作物构成

通过登记的 207 个品种来自全市 51 家单位，包含 47 家种业企业、4 家教学科研单位。其中，企业登记品种 187 个，占全年登记品种总数的 90%。荷兰安地国际有限公司北京代表处登记品种数量最多，登记甜菜品种 33 个；北京中研益农种苗

① 以第一申请单位进行统计。

科技有限公司登记番茄品种 18 个；京研益农（北京）种业科技有限公司登记品种 12 个，包括大白菜品种 4 个，辣椒品种 6 个，西瓜品种 2 个。

中国农业科学院蔬菜花卉研究所、中国农业大学、北京市林业果树科学研究院、北京市农林科学院蔬菜研究中心 4 家教学科研单位登记品种总数为 20 个，占全年登记品种总数的 10%，以中国农业科学院蔬菜花卉研究所为首，登记品种 16 个，包括大白菜品种 3 个，结球甘蓝品种 4 个，辣椒品种 9 个。详情见表 2–9。

表 2–9 北京申请者登记品种分布情况

申请者	高粱	向日葵	甜菜	大白菜	结球甘蓝	黄瓜	番茄	辣椒	西瓜	甜瓜	苹果	葡萄	合计
荷兰安地国际有限公司北京代表处			33										33
北京中研益农种苗科技有限公司							18						18
京研益农（北京）种业科技有限公司				4				6	2				12
北京市京番番茄研究所							10						10
北京禾美浓生物科技有限公司							6		1				7
北京多良农业科技有限公司							5			1			6
北京骄雪种苗科技开发有限公司										6			6
北京奥立沃种业科技有限公司							5						5
北京金种惠农农业科技发展有限公司				1			1	3					5
北京利园成田种苗有限公司								5					5
北京鑫阳光农业科技有限公司								5					5
德国斯特儒博有限公司北京代表处			5										5
北京博纳东方农业科技发展有限公司							4						4
北京东方商友贸易有限公司							2		2				4
北京万龙思科种苗科技有限公司				1					3				4
先正达种苗（北京）有限公司		3			1								4
北京捷利亚种业有限公司					3								3
北京绿东方农业技术研究所				2	1								3
北京中研惠农种业有限公司							3						3
海泽拉农业技术服务（北京）有限公司							3						3
海泽拉启明种业（北京）有限公司						2	1						3
湖山（北京）农业技术有限公司				2				1					3
圣尼斯种子（北京）有限公司							1	2					3

续表

申请者	高粱	向日葵	甜菜	大白菜	结球甘蓝	黄瓜	番茄	辣椒	西瓜	甜瓜	苹果	葡萄	合计
北京百幕田种苗有限公司									2				2
北京百欧通种子有限公司								2					2
北京海花生物科技有限公司								2					2
北京金土地农业技术研究所							2						2
北京曦可飞农业技术推广中心									2				2
北京泽农伟业农业科技有限公司							1	1					2
北京中良信农业技术开发有限公司							1	1					2
北京中农绿亨科技有限公司				1						1			2
东方正大种子有限公司								2					2
北京安峰种苗科技有限公司								1					1
北京德利田丰农业科技有限公司		1											1
北京丰桥国际种子有限公司				1									1
北京凯特京都蔬菜种子有限公司	1												1
北京科沃施农业技术有限公司	1												1
北京萌香农业科技发展有限公司										1			1
北京瑞思农种子有限公司										1			1
北京圣农高科农业科技有限公司								1					1
北京圣先福农种子有限公司									1				1
北京四海种业有限责任公司									1				1
北京天诺泰隆科技发展有限公司					1								1
北京新民科技有限公司				1									1
北京中宏润禾种业有限公司								1					1
北京中联韩种子有限公司								1					1
纽内姆（北京）种子有限公司								1					1
中国农业科学院蔬菜花卉研究所				3	4			9					16
中国农业大学											2		2
北京市林业果树科学研究院												1	1
北京市农林科学院蔬菜研究中心				1									1
合计	2	4	38	17	10	2	63	44	14	10	2	1	207

（四）植物新品种保护

2021 年，全国共公开植物新品种权申请 9 095[①]件，其中，北京市 556 件（包括 35 个作物种类），占全国申请公开总量的 6.11%，位居全国第四位（黑龙江第一位，907 件）。2021 年，全国共公开授权品种 3 218[②]件，其中北京 300 件，占全国授权量的 9.32%，位居全国首位。详情见表 2-10、表 2-11。

表 2-10 北京市种业企业品种权申请及授权情况 （单位：件）

序号	申请单位	申请量	授权量
1	北京金色丰度种业科技有限公司	45	3
2	北京屯玉种业有限责任公司	37	1
3	中地种业（集团）有限公司	21	3
4	北京瀚林丰益农业科技有限公司	13	
5	德农种业股份公司	12	3
6	北京四海种业有限责任公司	1	4
7	北京刘文超夏菊育种科技研究所	1	
8	北京中农斯达农业科技开发有限公司	9	12
9	北京新锐恒丰种子科技有限公司	7	6
10	北京市花木有限公司	7	1
11	北京金色农华种业科技股份有限公司	7	1
12	纽内姆（北京）种子有限公司	6	4
13	北京新实泓丰种业有限公司	6	4
14	北京垦丰龙源种业科技有限公司	6	5
15	北京金农科种子科技有限公司	6	2
16	北京丰捷一佳农业科技有限公司	6	
17	北京粒隆种业科技有限公司	5	
18	北京大一韩日国际种苗有限公司	5	
19	北京华耐农业发展有限公司	4	3
20	北京宝丰种子有限公司	4	1
21	北京百幕田种苗有限公司	4	
22	北京沃尔正泰农业科技有限公司	3	1

① 以第一申请单位统计。

② 以第一获权单位统计。

续表

序号	申请单位	申请量	授权量
23	北京联创种业有限公司	3	12
24	仲元（北京）绿色生物技术开发有限公司	2	
25	中泰天禾（北京）农业生物技术有限公司	2	
26	华颂种业股份有限公司	2	
27	湖山（北京）农业技术有限公司	2	
28	北京中农同丰农业科技有限公司	2	1
29	北京中农金玉农业科技开发有限公司	2	
30	北京中地种业研究院有限公司	2	
31	北京优种优栽科技服务有限公司	2	
32	北京天卉源绿色科技研究院有限公司	2	
33	北京开心格林农业科技有限公司	2	
34	北京井田农业科技有限公司	2	
35	北京大京九农业开发有限公司	2	1
36	中农集团种业控股有限公司	1	
37	中科西良功能农业研究有限公司	1	
38	中国中药有限公司	1	
39	未名兴旺系统作物设计前沿实验室（北京）有限公司	1	
40	垦丰科沃施种业有限公司	1	
41	景福源（北京）科技有限公司	1	
42	金苑（北京）农业技术研究院有限公司	1	3
43	东方正大种子有限公司	1	1
44	北京英穗科技有限公司	1	
45	北京首佳利华科技有限公司	1	
46	北京世诚中农科技有限公司	1	
47	北京马秀来福商贸有限责任公司	1	
48	北京金色谷雨种业科技有限公司	1	6
49	北京华奥农科玉育种开发有限责任公司	1	
50	北京高锐思农业技术研究院	1	1
51	北京奥瑞金种业股份有限公司		21
52	北京华农伟业种子科技有限公司		12
53	北京农联双创科技有限公司		5
54	北京天葵立德种子科技有限公司		4

续表

序号	申请单位	申请量	授权量
55	先正达种苗（北京）有限公司		3
56	北京中农大康科技开发有限公司		3
57	首佳优品（北京）国际农业科技有限公司		2
58	北京利园成田种苗有限公司		2
59	北京大一种苗有限公司		2
60	京研益农（北京）种业科技有限公司		1
61	北京顺鑫农科种业科技有限公司		1
62	北京捷利亚种业有限公司		1
63	北京登海种业有限公司		1
64	北京博收种子有限公司		1
合计		275	147

表 2-11 北京教学科研单位及个人品种权申请及授权情况 （单位：件）

序号	申请单位 / 个人	申请量	授权量
1	中国农业科学院作物科学研究所	81	44
2	北京市农林科学院	65	40
3	中国农业科学院蔬菜花卉研究所	31	21
4	中国农业大学	23	6
5	北京林业大学	18	5
6	王守才	17	0
7	中国科学院遗传与发育生物学研究所	16	29
8	北京市园林科学研究院	8	0
9	中国科学院植物研究所	4	3
10	宋国宏	3	0
11	北京科技大学	3	0
12	中国农业科学院植物保护研究所	2	1
13	中国农业科学院生物技术研究所	2	0
14	北京农学院	2	0
15	中国医学科学院药用植物研究所	1	0
16	黎亚军	1	0
17	北京中智生物农业国际研究院	1	0
18	北京市林业果树科学研究院	1	0

续表

序号	申请单位 / 个人	申请量	授权量
19	北京市辐射中心	1	0
20	北京农业生物技术研究中心	1	0
21	张书申	0	2
22	中国农业科学院北京畜牧兽医研究所	0	1
23	刘莲	0	1
合计		281	153

（五）育种技术创新

1. 材料创新

2021 年北京市及国家在京科研单位在育种材料创新方面取得显著成绩。中国农业科学院生物技术研究所成功创制高虾青素玉米新种质，相关研究成果发表在 *Plant Biotechnology Journal* 上。研究成果体现了生物技术在创制有益人体健康的营养强化产品上的有效性和延展性，创制的营养强化产品具有广阔应用前景。

北京市农林科学院杂交小麦研究所新育成小麦光温敏不育系 41 份（包括 BS339、BS340、BS459、BS460、BS461 等），恢复系 19 份。

北京市农林科学院玉米研究所集成运用五位一体、同群优系聚合、单倍体、分子标记辅助等育种技术创制新种质。一是对早熟 Iodent 种质进行聚合改良，提升抗穗粒腐和易制种性状，选育出一批早熟、抗倒、脱水快、易制种、抗穗粒腐、配合力高的稳定系；二是持续优化改良诱导系和化学加倍技术流程，不断提升诱导率和加倍率，获得加倍 DH 系 18 182 份，创历史新高；三是对热带、亚热带苏湾种质和 P 群种质进行聚合改良，钝化光温敏感性和抗倒性，拓宽青贮玉米种质遗传基础；四是利用同群优系聚合等育种方法对本单位自交系进行遗传改良，选育出果穗大、品质优、抗病性好、根系发达的优良 X 群自交系京 B53、H 京 72464 和黄改群自交系京 2416K92。3 个骨干玉米自交系黄早四、京 724 和京 92 获得中国种业协会、中国作物学会玉米专业委员会和北京种业协会联合授予的“全国杰出贡献玉米自交系”荣誉称号。

北京农学院新组配青贮玉米杂交组合 800 个，选育出新自交系 50 个，完成 322 份野生小豆和栽培小豆种质资源 30 个农艺性状、铁锌含量、叶斑病抗性鉴定及分子水平分析，筛选出高铁种质资源15份、高锌种质资源8份、抗病种质资源22份，分别从美国、荷兰等国家引进国外生菜新材料30余份，有效地完善了品种多样性。

2. 技术开发

2021年中国农业科学院蔬菜花卉研究所研发的蔬菜流水线贴接法高效嫁接育苗技术，获得2021年农业农村部重大引领性技术；解析昆虫激素介导小菜蛾Bt抗性机制，入选2021年中国农业科学10大重大进展。

中国农业大学陈绍江教授和刘晨旭副教授联合其他研究团队，首次建立了番茄单倍体诱导系统，为创建单双子叶作物通用的跨物种单倍体快速育种技术体系奠定了基础。赖锦盛教授团队前期研发的Cas12i和Cas12j蛋白，获得国家专利授权，并向美国、欧盟、日本等多个国家和地区递交了专利申请，打破了国外对该项技术的垄断。同时利用自主知识产权的Cas12i/j基因编辑器储备了一批玉米、小麦等产品。

北京市农林科学院玉米研究所创新发明快速高效无损鉴别高赖氨酸糯玉米籽粒方法、分子标记辅助快速选育玉米无叶舌自交系方法、黄兰群种质创新选育方法、玉米茎腐病抗性相关SNP分子标记开发及其应用等。

北京市农林科学院蔬菜研究所“西瓜优质分子育种技术与新品种选育”项目，荣获2020—2021年度神农中华农业科技奖一等奖。该项技术率先构建了高分辨率西瓜基因组精细图谱与变异图谱，首次揭示了西瓜属物种进化分子机制，系统发掘了品质、农艺性状及抗病性等重要性状的18个关键功能基因与分子调控机制，为西瓜分子育种技术创新奠定了理论与技术基础，确立了我国在西瓜基因组学研究领域的领先地位。

2021年北京农学院自主开发小豆SSR和SNP标记技术，进行分子标记辅助选择育种，提高选择效率。完成生菜霜霉病抗性评价，开发了生菜霜霉病的鉴定及评价技术，通过病情分级标准和抗性分级标准进行生菜种质资源评价。

3. 理论研究

中国农业科学院生物技术研究所，揭示了水稻表观遗传调控细胞周期和DNA损伤的新机制，为研究表观遗传调控作物重要农艺性状及提高抗逆性提供了新的途径和基因，相关结果发表在国际学术期刊*The Plant Cell*上。解析了水稻根际联合固氮菌——施氏假单胞菌A1501固氮生物膜形成的分子调控机制，相关成果以题为

“A regulatory network involving Rpo, Gac and Rsm for nitrogen-fixing biofilm formation by *Pseudomonas stutzeri*”在线发表在国际微生物学领域著名期刊 *npj Biofilms and Microbiomes* 上。从染色质三维结构上揭示了籼稻和粳稻的高温抗性差异机制，为研究表观遗传调控作物重要农艺性状及提高抗逆性提供了新的研究视角，相关研究成果发表在国际学术期刊 *BMC Biology* 上。构建了植物表观遗传修饰智能预测在线工具 SMEP（http：//www.elabcaas.cn/smep/index.html），该项工作通过利用人工智能的方法，深度学习植物 DNA 甲基化、RNA 甲基化、组蛋白修饰等序列信息，系统实现了水稻、玉米等物种中表观修饰位点的预测，为作物功能基因组研究和智能设计育种提供工具和数据支撑，成果以“A deep learning approach to automate whole-genome prediction of diverse epigenomic modifications in plants”为题发表在 *New Phytologist* 上。发现作物光合产物运输“高速路”——影响光合产物蔗糖运转效率的关键基因 *SEM1*，为培育高光效作物提供了新的基因资源。相关研究成果发表在 *Plant Journal* 上。

北京市农林科学院玉米所开发抗南方锈病基因 *RppM* 功能性标记，筛选出 26 个抗病自交系，并完成抗锈性状快速定向改良和受企业委托的品种抗锈改良；开展玉米耐盐相关基因克隆和分子标记应用，鉴定到 83 个耐盐相关 SNP 位点，完成 2 个主要位点候选基因 *ZmCLCg* 和 *ZmPMP*3 耐盐功能验证；完成京 2416 基因组高质量组装，单碱基准确度大于 99.99%，Hi-C 挂载率 97.04%，其中 3 号和 9 号染色体通过组装得到了完整染色体；抗旱性状转录组分析与网络调控剖析发现京 24 抗旱能力主要源于其根部相关发育及干旱应答基因的表达。

4. 应用成果

中国农业科学院作物科学研究所等北京市及国家在京科研、教学单位，育成大批高产、优质、绿色新品种，生物育种取得进展。育成了优质强筋小麦新品种中麦 578，解决了优质强筋品种产量偏低、适应性较窄的问题；利用矮败小麦育种技术与分子标记辅助选择技术相结合的方法培育出适合黄淮冬麦区种植的高产、优质、抗病、抗逆小麦新品种 6 个，其中 5 个通过国审；轮选 49 通过国家黄淮北片和河南省审定，达到国家优质强筋标准；利用核能辐射与加倍单倍体技术，育成优质广适面条小麦新品种航麦 802，通过河北省审定；育成节水高产航麦 3290，通过北京市审定，较对照增产 5.7%～9.6%。利用高效育种技术和优良种质资源，创制优质、耐密抗倒、抗病、籽粒含水量低的玉米新自交系，培育适宜我国东北区、黄淮海区、西北区和西南区的高产、抗逆、宜机收玉米新品种，其中，中单153通过黄淮海区国家审定、中单176通过东北区国家审定。针对东北大豆主产区北移、黄淮海种植制度调整及农户生产规模扩大、机械化作业水平提升等新形势，以及当前大豆单产水平低等主要问题，采用常规育种与分子技术相结合，选育适宜东北北部核心产区种植的极早熟春大豆品种和适宜黄淮海地区种植的高产、优质、多抗夏大豆新品种，审定了大豆品种12个，其中国审6个。

北京市农林科学院玉米研究所选育并通过审定玉米新品种41个次，其中国审37个次。2021年在黄淮海遭受洪涝、锈病暴发等极端环境下，选育的多个抗锈新品种表现出良好抗逆性和丰产稳产性，尤其是MC121等免疫型抗锈品种表现突出，入选国家“十三五”科技创新成果。京科999以1 162.7千克亩产刷新北京春玉米高产纪录。创制选育出高赖氨酸京科糯2000L、高赖氨酸甜加糯京科糯368L、高花青素水果玉米京科甜602、香味糯农科糯323等鲜食玉米品种，在特色水果玉米育种方面实现新突破。

中国农业大学培育的转基因抗虫玉米ND207获得了北方春玉米区和黄淮海夏玉米区的安全证书（生产应用）。

中国农业科学院作物研究所耐草甘膦转基因大豆中黄6106在获批黄淮海夏大豆区生产应用安全证书的基础上，2021年获批了北方春大豆区的安全证书（农基安证字（2021）第005号），是国内唯一覆盖东北和黄淮海两大主产区的转化体。

第三章

种子生产与推广

北京市企业种子生产基地大部分在外埠，其中玉米种子生产主要在甘肃和新疆，水稻种子生产主要在福建、四川和江苏，小麦种子生产主要在河南、河北和安徽。北京本地种子生产面积较小，玉米种子生产主要在密云、怀柔山区，小麦种子生产主要在房山区和顺义区。

一、粮食作物种子生产

2021年，北京市企业玉米、小麦、水稻三大粮食作物种子总生产面积为91.97万亩，较2020年增加22.37万亩，增幅为32.14%。共生产粮食作物种子34.6万吨，较2020年增加6.7万吨，增幅为24.14%，粮食作物种子生产量占全市企业种子生产总量的98.05%。详见图3-1和图3-2。

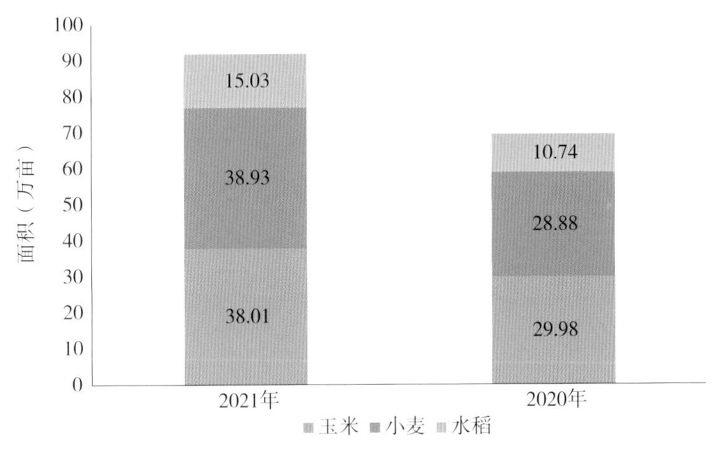

图3-1 三大粮食作物种子生产面积

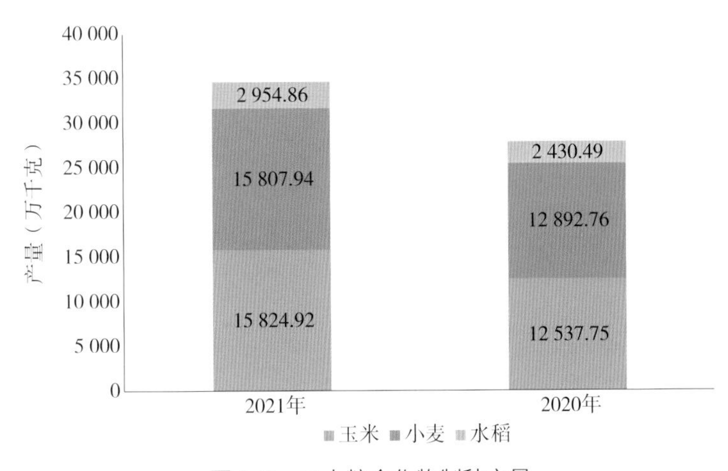

图3-2 三人粮食作物制种产量

（一）玉米种子

北京市企业玉米种子生产量一直占全国玉米种子生产总量的10%左右。2021年，全市企业杂交玉米种子总生产面积38.01万亩，占全国生产面积的13.97%，比2020年增加8.03万亩，涨幅26.78%。共计生产杂交玉米种子15 824.92万千克，比2020年增加3 287.17万千克，增幅为26.22%。

企业玉米种子生产面积增加主要有两方面原因。企业库存压力减少，市场整体向好，是玉米制种面积迅速回升的主要原因。截至2021年6月底，全市企业玉米种子库存总量为6 844.5万千克，比2020年同期减少607.5万千克，减幅为8.15%，为近10年来同期最低库存量，企业轻装上阵，扩大生产；第二个原因是近两年玉米粮食收购价格持续上涨，玉米种植效益回升，玉米生产面积扩大，致使玉米种子需求量增加，也是导致企业扩大生产面积的重要原因。

（二）小麦种子

2021年，全市企业小麦繁种面积38.93万亩，比2020年增加10.05万亩，增幅达34.80%。共生产小麦种子15 807.94万千克，比2020年增长2 915.18万千克，增幅22.61%。

近两年，受制种基地市场直供模式常态化和农资经纪人、农资网络渠道商、线上销售多元化影响，加之种植大户采购白包种子和自留种，企业市场销售受到冲击，销售不力。但随着粮价稳步提高，小麦粮食价格上涨，带动种植户小麦种植积极性提升，小麦商品种子需求大于往年，市场供不应求。政策推动有力，地方出台鼓励政策，特别是部分地区优质小麦良种补贴力度有所加大，小麦播种面积增加，市场需求旺盛。由于众多企业小麦种子都发生断货现象，销售形势转暖，企业积极扩大繁育面积。

（三）水稻种子

2021年，全市企业杂交水稻种子与常规水稻种子生产总面积15.03万亩，比2020年增加4.29万亩，增幅39.94%。共生产水稻种子2 954.86万千克，比2020年增加524.37万千克，增长21.57%。平均制种单产为196.60千克/亩，较2020年降低 29.57 千克 / 亩，降幅为 13.07%。水稻种子生产面积与制种产量数据同步性差异较大，主要是部分企业杂交水稻制种区域 8 月高温、干旱，致使杂交早稻、中稻制种地块不同程度受到影响，加之后期受病害影响，制种水稻产量降低，部分制种地块减产甚至绝收，影响总体产量。

2021 年全市企业常规稻制种面积为 3.45 万亩，比 2020 年增加 0.27 万亩，增长 8.49%。共收获常规水稻种子 1 111.99 万千克，比 2020 年度减少 111.79 万千克，减幅为 9.13%。主要原因是常规水稻制种区域收获期雨水充足，制种田倒伏较为严重，企业为把控种子质量，提高倒伏地块种子收购检验标准，减少收购量。

近几年，杂交稻种子市场整体供大于求，企业库存高居不下。受此影响，北京市企业连年缩减杂交水稻制种面积，以期降低库存，适应市场。经过几年调整，北京市企业杂交稻种子库存压力得到缓解，截至 2021 年 3 月底，全市企业杂交水稻种子总库存 551 万千克，比 2020 年同期减少 530 万千克，减幅 49%。库存压力减小，企业轻装上阵，加上农业利好政策的支持，企业抓住时机扩大生产，力争抢占市场。同时因粮食价格上涨，各地水稻种植面积均有所增加，特别是高产杂交中稻面积有所增加，常规稻面积有所减少，部分地区中稻做再生稻较多，压缩晚稻种植面积，杂交中稻市场需求旺盛。

二、蔬菜作物种子生产

我国既是蔬菜生产大国，又是蔬菜消费大国。在我国，蔬菜是除粮食作物外栽培面积最广、经济地位最重要的作物。随着人们生活水平的提高，对蔬菜的需求日益增加，蔬菜的种植面积呈上升态势。多样化的生活需求对蔬菜消费提出新要求，也对蔬菜种子生产企业提出新要求，企业积极适应农业产业结构的调整，适应市场变化。

2021 年，北京市种子企业蔬菜类作物种子生产面积（不含种苗）22 039.16 亩，比 2020 年蔬菜作物种子生产面积减少 775.25 亩，减幅 3.40%。共计生产各类蔬菜种子 141.32 万千克，比 2020 年减少 7.24 万千克，减幅 4.87%。辣椒为生产减幅最大的蔬菜作物，2021 年辣椒种子生产面积 1 886.2 亩，比 2020 年减少 1 352.1 亩，减幅为 41.75%。其次为大白菜，2021 年大白菜种子生产面积 3 862.5 亩，比 2020 年减少2 015.09亩，减幅为34.28%；共生产大白菜种子31.75万千克，比2020年减少19.22万千克，减少37.71%。大白菜作为北京优势作物，传统的“秋播冬贮”是主要生产方式。但随着人民生活水平的提高，对反季节蔬菜需求增加，大白菜市场需求有所减弱。此外，粮食生产鼓励政策的出台，也挤压了冬季大白菜的生产面积，加之种子库存较多，企业纷纷调整生产经营思路，调减种子生产面积。

三、其他作物种子及种苗生产情况

其他作物主要包括非粮食作物的主要农作物、油料作物、杂粮杂豆、经济作物、薯类作物，西甜瓜以及未明确分类作物种子。2021年，北京市种子企业其他作物种子生产面积4.64万亩，比2020年减少1.37万亩，减幅为22.80%。生产面积减幅较大，主要是未明确分类作物种子生产面积减少较多，未明确分类作物种子生产面积1.47万亩，比2020年度减少2.50万亩，减幅达62.97%；共生产种子514.12万千克，比2020年减少138.57万千克，减幅为36.90%。

2021年，北京市企业全年种苗生产面积3 843亩，比2020年度种苗生产面积减少7 782亩，共生产各类种苗4 351.42万株，较2020年减少1 735万株。

四、北京本地种子生产情况

（一）玉米制种情况

2021年，北京有2家企业在本地开展玉米制种，共落实制种面积1 750亩，比2020年增加620亩，增幅为54.87%，实际收获制种面积约为1 700亩，收获制种产量53万千克，比2020年收获产量增加16.5万千克，增长45.20%。北京市玉米制种基地集中在密云区、怀柔区两地，基地地处山区，自然隔离条件好，积温条件适宜，已经有近30年的制种历史，是目前北京仅存不多的玉米制种基地。但玉米制种基地受自然条件限制，部分地块无法进行灌溉，一定程度上影响了北京玉米制种产量的稳定性。

（二）小麦繁种情况

2021—2022 年度，北京市 2 家企业在顺义区、房山区开展小麦繁种，共落实繁种面积 4 500 亩，比 2021 年上半年收获面积增加 1 700 亩，增长 60.71%；共生产小麦良种 180 万千克。北京市本地小麦繁种面积增长较多，主要原因是北京大力整治撂荒地问题，本地越冬大田作物只有小麦，因而小麦种子需求增大，市场供给不足。企业抓住政策时机，积极扩大生产，以保障市场供应。2021—2022 年度北京本地小麦繁种仅有 2 个品种，“中农麦 4007”繁种面积 3 000 亩，“航麦 247”繁种面积 1 500 亩。

（三）近 10 年本地种子生产变化情况

多年来，北京本地种子生产主要为玉米和小麦种子，玉米制种主要集中在密云区、怀柔区，早期延庆区山区还有制种，小麦繁种主要集中在通州区、顺义区、房山区、大兴区等平原地区。2012—2021 年，北京企业本地种子生产面积持续减少，从 2011 年的 11 万亩、2012 年 7.38 万亩减至 2021 年的 0.62 万亩，大幅减少（图 3-3）。玉米制种面积减少的主要原因是甘肃作为玉米制种的黄金地带，不仅产量高，而且生产的种子质量高，而北京山区由于人工成本高，加之气候原因导致的制种产量低、种子质量差等因素，原有的大型种子企业都转移到甘肃进行制种。小麦繁种减少也是由于本地小麦生产面积锐减，原有的几家国有小麦种子生产经营企业进行改制，停止生产经营活动。

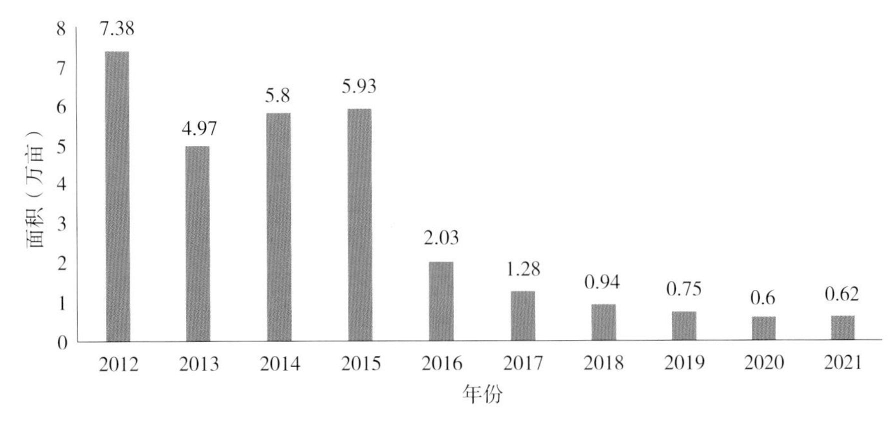

图 3-3 近 10 年北京本地粮食作物种子生产面积

五、2012—2021 年种子企业生产情况分析

2021 年北京市种子企业制种面积为 99.21 万亩，较 2020 年增加 21.30 万亩，增幅为 27.34%。2021 年共计生产各类种子 35.28 万吨，比 2020 年增加 6.89 万吨，涨幅 24.28%；生产各类苗木 4 351.42 万株。

自 2011 年以来，粮食作物种子生产一直是北京市企业种子生产的主体，粮食作物种子生产面积始终占全市企业生产面积的 90% 以上，其中，玉米和水稻种子生产在全国也占有很大的份额，因此北京市企业玉米和水稻种子的生产变化也反映出全国这 10 年来的发展变化。详见图 3-4 和图 3-5。

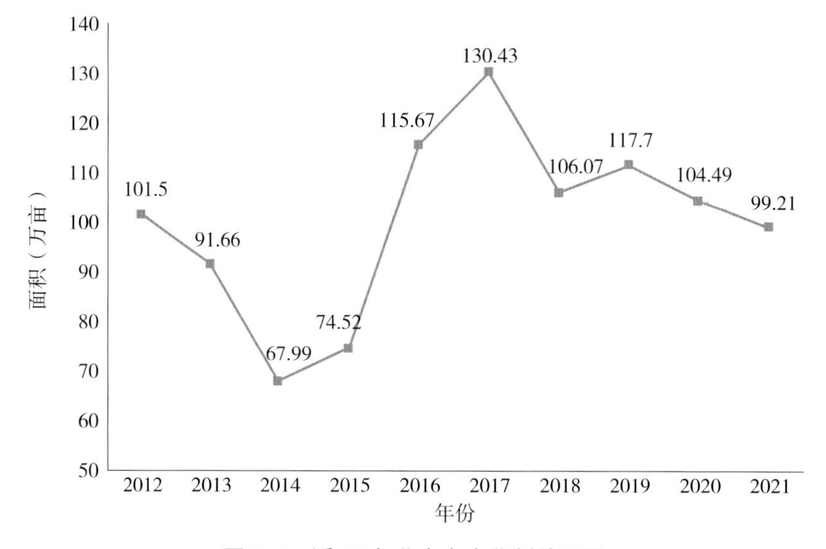

图 3-4　近 10 年北京市企业制种面积

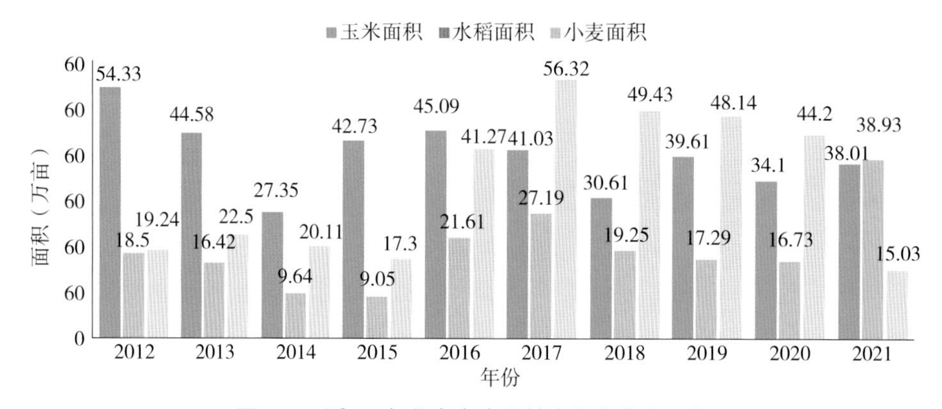

图 3-5　近 10 年北京市企业粮食作物生产面积

北京市种子生产企业玉米种子制种面积最高位发生在2011年和2012年，2012年全市玉米制种企业总制种面积达54.33万亩，约占当年全国总制种面积的20%，制种量的加大导致2013—2015年全国玉米、水稻、小麦种子严重供大于求，企业库存屡创新高，为消耗库存，自2016年开始，企业及时调整生产计划，制种面积逐渐下调。2018年，种植结构调整，调减“镰刀湾”地区玉米种植，企业及时调整生产面积，适应市场变化，2018年杂交玉米种子生产面积有较大变化。

小麦种子生产变化较大，从2012年的6.5万亩减至2021年的0.45万亩。北京市小麦种子生产主要用于本地小麦种植，自2012年以来小麦大田种植逐年减少，小麦繁种面积也随之逐年减少，2016年，作为当时北京市最大的小麦种子生产企业，亿兆益农进行企业改制，停止生产经营活动，导致生产数据变化较大。亿兆益农作为北京市小麦繁种的核心企业，每年小麦繁种面积为一直在2.5万～3.1万亩，占比68%以上，对北京市企业本地种子生产面积影响较大。2016年北京市新增中农发种业集团股份有限公司，该公司小麦种子繁种量大，但以外埠为主。2017年，新增中农集团种业控股有限公司，该公司同样有较大的小麦繁种面积。

六、品种推广

品种是种子企业发展的“生命线”，是核心竞争力。在农业生产中，新品种的推广可以改变农业种植的品种结构，推动农产品多元化发展，满足市场多层次需求。优秀品种在产品性状、种植方式、技术管理方面有一定优势，有利于增加产量，提高农业种植收益，为农业的可持续发展提供支持。多年来，北京市种子企业在玉米、大白菜、西瓜等优势作物的品种推广上具有较强的竞争力，深耕市场服务，不断提升北京种业的市场影响力。

2021年，北京市玉米种子生产经营企业单一品种推广面积超百万亩的玉米品种共有22个，22个玉米品种推广面积为6 985.42万亩（表3-1），占当年全国玉米总播种面积的10%以上。推广面积最大的品种为“裕丰303”，全年推广面积1 630万亩，其次为“中科玉505”，推广面积1 460万亩。2012—2021年，全市玉米种子生产经营企业推广总面积超千万亩的玉米品种共有18个，总推广面积达62 731.67万亩。其中“京科968”以13 115万亩的推广面积位居榜首，其次为“郑单958”，总推广面积为10 119万亩。这些品种在激烈的市场竞争中显示出强大的优势，预计未来仍将领跑市场。

表3-1 2021年北京市企业推广面积超百万亩的玉米品种

序号	品种名称	推广面积（万亩）
1	裕丰303	1 630
2	中科玉505	1 460
3	联创808	650
4	京农科728	372
5	联创825	320
6	京科968	293
7	德美亚3号	241.87
8	嘉禧100	220
9	汉单777	180
10	德单5号	162
11	NK815	153
12	美加605	150
13	垦沃2号	137.5
14	豫青贮23	133
15	MC812	121.5
16	中地159	120
17	胜美899	117.55
18	中地9988	110
19	德单123	108
20	恒禾2号	106
21	农大778	100
22	泛玉298	100
合计		6 985.42

注：根据企业上报玉米种子销售量推算，亩用种量按2千克计算。

西瓜与大白菜是北京传统优势作物，在品种选育方面有得天独厚的优势，其中“华欣”系列西瓜品种，累计推广面积超过200万亩，“京欣2号”西瓜总推广面积超过150万亩，是种植区域的主流品种。“北京新3号”大白菜累计推广面积达650万亩，该品种已持续多年以高产、稳产、优质等突出表现受到种植户欢迎，在北方大白菜种植区域始终位于榜首。

第四章

种子企业发展

2021年北京市农作物种子企业销售额和利润较2020年均有大幅增长，销售额过亿的种子企业数量保持稳定，种子企业发展势头良好，综合实力大幅度提升。

一、企业数量与类型结构

（一）持证企业数量

截至2021年年底，北京市共有持证种子生产经营企业305家，较2020年增加2家。持证企业数量约占全国的3.6%。

（二）企业结构类型

按发证机关分类，农业农村部发证种子企业33家（外资10家，进出口23家），北京市发证种子企业45家（育繁推一体化企业12家，两杂种子企业30家，蔬菜种子企业2家，食用菌菌种企业1家）；各区发证种子企业227家。其中外资企业数量占全国的35.7%，进出口企业数量占全国的9.1%，育繁推一体化企业数量占全国的9.8%，总数比上年度减少1家的原因是中国种子集团公司注册地迁到海南省。详见表4-1。

表4-1 各区持证种子企业分布情况 （单位：个）

区	合计	企业数量						
		育繁推	进出口	转基因	外资	部级	省级	区级
海淀区	88	8	10	0	1	11	27	50
昌平区	18	1	1	0	0	1	4	13
通州区	9	0	1	0	0	1	0	8
朝阳区	17	1	4	0	3	6	2	9
大兴区	50	0	1	0	4	5	1	44
房山区	2	0	0	0	0	0	1	1
丰台区	91	0	0	0	0	0	1	90
平谷区	6	0	0	0	0	0	1	5
顺义区	9	1	4	0	1	6	1	2
延庆区	5	0	0	0	0	0	0	5
怀柔区	2	0	0	0	1	1	1	0

续表

区	合计	企业数量						
		育繁推	进出口	转基因	外资	部级	省级	区级
石景山区	1	0	1	0	0	1	0	0
西城区	3	1	1	0	0	1	2	0
密云区	3	0	0	0	0	0	3	0
东城区	1	0	0	0	0	0	1	0
合计	305	12	23	0	10	33	45	227

注：同时持有部发证或市发证的企业，没有统计到区发证企业中。

按企业所有权属分类，内资种子企业295家，其中包括民营企业289家，国有企业6家；外资企业10家，包括中外合资企业5家，外商独资企业5家。

按经营范围分类，销售粮食作物种子企业69家，其中包括玉米种子企业53家、水稻种子企业4家、小麦种子企业12家、大豆种子企业8家；蔬菜种子企业199家；食用菌菌种企业有1家；马铃薯种子企业有4家；草莓种苗企业13家；中药材种子企业1家；向日葵种子企业7家；花卉种子企业35家。

二、企业从业人员数量及结构

2021年北京市种子企业职工总数为7 883人，较2020年减少4%。本科及以上学历3 179人，较2020年减少12%，本科以上学历占职工总数40%，企业从业人员素质整体较高。企业科研人员总数为1 733人，较2020年减少8%，占职工总数22%。从表4-2数据来看，本科以上的高学历人才主要集中在海淀区和西城区的种子企业。

表4-2 各区种子企业人员分布情况

区	人数（人）				
	职工总数	本科及以上学历	本科以上学历占比	科研人员数量	科研人员占比
合计	7 883	3 179	40%	1 733	22%
海淀区	2 840	1 513	53%	959	34%
昌平区	416	122	29%	67	16%
通州区	344	207	60%	110	32%

续表

区	人数（人）				
	职工总数	本科及以上学历	本科以上学历占比	科研人员数量	科研人员占比
朝阳区	356	236	66%	60	17%
大兴区	1 374	175	13%	67	5%
房山区	24	8	33%	4	17%
丰台区	651	223	34%	129	20%
平谷区	68	15	22%	9	13%
顺义区	427	244	57%	93	22%
延庆区	65	6	9%	6	9%
怀柔区	74	67	91%	17	23%
石景山区	30	20	67%	0	0%
西城区	1 141	323	28%	196	17%
密云区	63	13	21%	16	25%
东城区	10	7	70%	0	0%

三、企业科研投入情况

2021 年北京市持证种子企业科研总投入为 5.33 亿元，与 2020 年相比减少 25%，占本企业商品种子销售额（52.59 亿元）的 10%，其中企业自主投入 5.03 亿元，财政项目投入资金 0.25 亿元，非财政资金投入 0.05 亿元。本企业商品种子销售额前 10 名企业科研投入 2.52 亿元，占本企业商品种子销售额（34.34 亿元）的 7%，与 2020 年相比减少 11%。

四、企业经营情况

（一）总体销售情况

总销售量：2021 年北京市持证种子企业种子销售总量为 4.38 亿千克，与 2020 年基本持平，其中农业农村部发证企业种子销售总量为 0.83 亿千克，占 19%；北京市发证企业销售总量为3.42亿千克，占78%；区级发证企业销售总量为1 312万千克，占3%。北京市持证种子企业以销售粮食作物为主，销售量为4.2亿千克，占总销售量的94%。

总销售额：2021年北京市持证种子企业种子及相关业务收入为62.00亿元，较2020年增长6.5%。种子及相关业务收入中，国内收入58.85亿元，出口种子收入1.90亿元（主要为订单生产）。其中农业农村部发证企业种子销售总额为15.38亿元，占26%；北京市发证企业种子销售总额为38.28亿元，占65%；各区发证企业种子销售总额5.10亿元，占9%。从销售作物类型来看，粮食作物销售额仍占主导，达46.03亿元（2020年为44亿元），占总销售额的78%。

（二）企业销售情况分析

1. 规模企业销售情况

2021年北京市规模企业（销售额过亿元）有12家，较2020年减少1家。种子销售总额39.66亿元，占全市67%，较2020年减少6%。规模企业中经营玉米种子的企业有8家，分别为中农发种业集团股份有限公司、北京联创种业有限公司、德农种业股份公司、北京华农伟业种子科技有限公司、垦丰科沃施种业有限公司、中地种业（集团）有限公司、北京顺鑫农科种业科技有限公司和北京大京九农业开发有限公司；经营蔬菜种子的企业有3家，分别为京研益农（北京）种业科技有限公司、纽内姆（北京）种子有限公司和中国林木种子集团有限公司；经营水稻种子的企业有北京金色农华种业科技股份有限公司。

2. 育繁推一体化企业销售情况

2021年北京市12家育繁推一体化种子企业中，除两家经营范围是蔬菜种子，其余10家经营范围为杂交玉米和杂交稻种子，其种子销售总额为33.68亿元，占全市57%，较2020年减少10%。

3. 进出口企业销售情况

2021年北京市23家持有进出口种子生产经营许可证企业种子销售总额为8.80亿元，占全市15%，较2020年增加90%（中国林木种子集团有限公司2021年统计数据涵盖了全资子公司的数据）。进出口企业中有3家从事玉米种子进出口业务，其余均只从事蔬菜种子进出口业务。

4. 外资企业销售情况

2021 年北京市 10 家外资种子企业种子销售总额 6.57 亿元，占全市种子销售收入 11%，与 2020 年基本持平。其中 1 家经营杂交玉米种子，其余 9 家均以销售蔬菜种子为主。

（三）种子销售类型

2021 年北京市持证种子企业商品种子销售总量 4.10 亿千克，商品种子销售总额 55.86 亿元。其中，本企业商品种子销售总量 3.83 亿千克、销售总额 52.59 亿元，占比 94%；销售其他企业商品种子销售总量 0.27 亿千克、销售总额 3.27 亿元，占比 6%。在各区持证种子企业商品种子销售中，海淀区和西城区种子企业本企业商品种子销售额最多，分别为 30 亿元和 9.7 亿元，在持证企业中，大型的种子生产销售企业也多集中在这两个区。详见表 4-3。

表 4-3　各区种子企业各项收入分布情况　（单位：万元）

区	商品种子销售总额	本企业商品种子销售总额	销售其他企业商品种子销售总额
海淀区	301 112	279 593	21 519
西城区	96 631	94 079	2 552
朝阳区	64 024	62 188	1 836
顺义区	29 513	27 169	2 344
大兴区	28 486	27 891	595
昌平区	11 052	9 399	1 653
丰台区	8 834	7 666	1 168
密云区	7 369	6 946	423
通州区	5 060	4 982	78
延庆区	2 242	2 150	92
石景山区	1 921	1 921	0
平谷区	897	554	343
怀柔区	544	544	0
房山区	642	500	142
东城区	277	277	0

（四）单作物种子销售主导企业

玉米种子作为北京市农作物种子科研、生产销售优势作物，2021年全市企业杂交玉米种子销售量为2.13亿千克，约占全国玉米种子使用量的17.75%；销售额为33.36亿元，较2020年增加11%，占销售总额的57%。水稻种子销售额为6.62亿元，较2020年减少7%，占总销售额的11%；小麦种子销售额为6.05亿元，较2020年减少12%，占销售总额10%；瓜菜作物种子销售额9.74亿元，占销售总额16%。

2021年，北京市持证企业中，大田玉米种子销售额最大的是北京联创种业有限公司，杂交水稻种子销售额最大的是北京金色农华种业科技股份有限公司，小麦种子销售额最大的是中农发种业集团股份有限公司。详见表4-4。

表4-4　分作物种子销售总额企业排名

作物	企业名称	排名
玉米	北京联创种业有限公司	1
	中农发种业集团股份有限公司	2
	垦丰科沃施种业有限公司	3
	北京华农伟业种子科技有限公司	4
	德农种业股份公司	5
杂交稻	北京金色农华种业科技股份有限公司	1
	中农发种业集团股份有限公司	2
	中国林木种子集团有限公司	3
	中农集团种业控股有限公司	4
常规稻	中农发种业集团股份有限公司	1
	中国林木种子集团有限公司	2
	北京金色农华种业科技股份有限公司	3
	中农集团种业控股有限公司	4
小麦	中农发种业集团股份有限公司	1
	中国林木种子集团有限公司	2
	北京顺鑫国际种业集团有限公司	3
	北京北方丰达种业有限责任公司	4
	北京大京九农业开发有限公司	5

续表

作物	企业名称	排名
蔬菜	纽内姆（北京）种子有限公司	1
	京研益农（北京）种业科技有限公司	2
	北京世农种苗有限公司	3
	北京奥立沃种业科技有限公司	4
	海泽拉启明种业（北京）有限公司	5

（五）北京市零售市场销售情况

2021 年，北京市共有种子零售商 340 家，较 2020 年减少 15 家，年销售总量 66.37 万千克，年销售总额 1 966.55 万元，较 2020 年减少了 947.75 万元，减幅 33%。北京市种子零售商销售的作物种类主要有大田作物种子和蔬菜作物种子，其中大田作物种子主要以玉米、小麦和大豆为主，占全部年销售量的 75.8%，占全部年销售额的 49.7%；蔬菜作物种子占全部年销售量的 24.2%，占全部年销售额的 50.3%。

2021 年北京市零售市场大田玉米品种零售销量居前 5 位的品种分别是：纪元 1 号、郑单 958、京科 25、NK815 和京农科 728，这 5 个品种占全市玉米种子零售销量的 66.1%；小麦品种零售销量居前 4 位的分别是：航麦 247，轮选 169、轮选 266、良星 99，这 4 个品种占全市小麦种子零售销量的 100%；大豆品种零售销量居前 5 位的分别是：铁丰 37 号、中黄 13 号、铁丰 31 号、开育 12 号和中黄 38 号，这 5 个品种占全市大豆种子零售销量的 94.6%；蔬菜作物种子零售销量占前 5 位的分别是：豆类、白菜类、菠菜、萝卜类、生菜。

（六）企业销售集中度与竞争力

1. 主导企业销售额集中度

在纳入统计的 305 家持证种子企业中，销售前 5 强的企业种子及相关业务收入达到 27.98 亿元，占全市 45%；前 10 强的企业种子及相关业务收入达到 37.82 亿元，占全市 61%。从 2012—2021 年北京市前 5、前 10 强的种子收入集中度数据看，总体呈现稳步上升趋势。详见图 4-1。

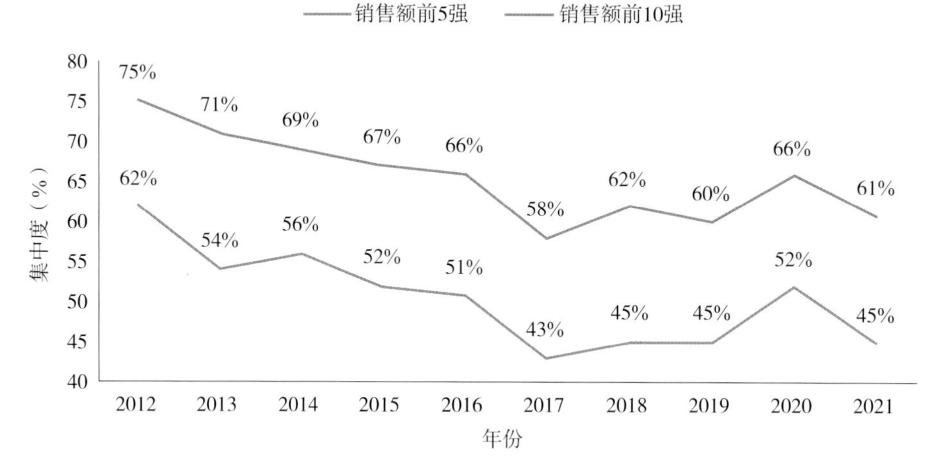

图4-1　2012—2021年北京市种子企业销售集中度对比

2. 分作物种子销售量集中度（CR）

在上报数据的305家企业中，大田作物中经营玉米的企业最多，达到53家，总销售量2.13亿千克。杂交玉米种子销售量前5企业销售玉米种子合计1.15亿千克，销售集中度（简称CR，种子销售量占该类种子全市企业销售量的比例，下同）CR5为54%；前10企业销售玉米种子1.72亿千克，销售集中度CR10为81%。小麦种子销售总量1.75亿千克，前5名销售量1.73亿千克，销售集中度为CR5为99%。水稻种子销售总量为3 156万千克，前5名销售量3 156万千克，销售集中度为CR5为100%。

从分作物销售集中度可以看出，北京市企业玉米、小麦种子销售集中度很高，主要集中在几家大型种子企业。

（七）北京市销售前10强企业

2021年北京市销售前10名的种子企业销售额为37.82亿元，占全市总销售额的61%。从企业构成来看，2021年前10强企业中，内资企业有8家，外资企业有2家；从经营作物来看，进入前10强的企业以玉米种子销售为主的企业有8家，蔬菜种子经营企业有2家。详见表4-5。

十强企业中，中农发种业集团股份有限公司因其全资子公司小麦业务营收大幅增长和兼并重组业务扩展而稳居首位；中国林木种子集团有限公司因其统计涵盖全资子公司种子销售数据，首次进入前十强；中国种子集团有限公司因外迁三亚，退出北京市排名；北京华农伟业种子科技有限公司销售额呈大幅增长，重新进入前十强。

表 4-5 2021 年北京市种子企业销售十强企业

序号	企业名称	序号	企业名称
1	中农发种业集团股份有限公司	6	北京华农伟业种子科技有限公司
2	北京联创种业有限公司	7	德农种业股份公司
3	北京金色农华种业科技股份有限公司	8	中地种业（集团）有限公司
4	中国林木种子集团有限公司	9	京研益农（北京）种业科技有限公司
5	垦丰科沃施种业有限公司	10	纽内姆（北京）种子有限公司

五、企业利润和资产

（一）企业利润情况

2021 年北京市持证种子企业营业利润 7.19 亿元，较 2020 年增加 27%，其中种子及相关业务利润 4.19 亿元，较 2020 年减少 8%。净利润 6.96 亿元，较 2020 年增加 54%；种子及相关业务净利润 4.38 亿元，较 2020 年增加 50%，种子及相关业务净利润占比企业净利润的 63%。各区企业利润情况见表 4-6。

表 4-6 各区持证种子企业利润分布情况

区	营业利润（万元）	种子及相关业务利润（万元）	净利润（万元）	种子及相关业务净利润（万元）	种子及相关业务净利润占比净利润
海淀区	47 040	29 241	47 689	32 311	68%
昌平区	2 652	-319	2 288	-356	—
通州区	2 544	-49	2 973	-102	—
朝阳区	9 542	8 380	8 098	5 683	70%
大兴区	2 257	1 128	2 254	850	38%
房山区	-335	-335	-335	-336	—
丰台区	929	216	945	270	29%
平谷区	-72	-129	-80	-138	—

续表

区	营业利润（万元）	种子及相关业务利润（万元）	净利润（万元）	种子及相关业务净利润（万元）	种子及相关业务净利润占比净利润
顺义区	-2179	-704	-1 906	-1 778	—
延庆区	367	413	370	370	100%
怀柔区	-588	-1 171	-596	-1 163	—
石景山区	0.67	0.67	0.72	0.72	100%
西城区	9 800	5123	7 912	5 147	65%
密云区	114	0	170	170	100%
东城区	-145	-145	-146	-146	—

1. 规模企业利润情况

2021年北京市12家规模企业（销售额过亿元）营业利润5.62亿元，种子及相关业务利润4.65亿元，净利润5.33亿元，种子及相关业务净利润4.42亿元，种子及相关业务净利润占比企业净利润的83%。

2. 育繁推一体化企业利润情况

2021年北京市12家育繁推一体化种子企业营业利润4.71亿元，种子及相关业务利润3.6亿元，净利润4.87亿元，种子及相关业务净利润3.53亿元，种子及相关业务净利润占比企业净利润的72%。

3. 进出口企业利润情况

2021年北京市23家持有进出口种子生产经营许可证企业营业利润亏损0.28亿元，种子及相关业务利润亏损0.35亿元，净利润亏损0.30亿元，种子及相关业务净利润亏损0.30亿元。

4. 外资企业利润情况

2021年北京市10家外资种子企业营业利润1.03亿元，种子及相关业务利润0.85亿元，净利润0.78亿元，种子及相关业务净利润0.59亿元，种子及相关业务净利润占比企业净利润的76%。

（二）企业资产情况

2021年北京市持证种子企业资产总额180.65亿元，较2020年减少2%，资产过亿企业共24家，从表4-7来看，全市总资产过亿的企业主要集中在海淀区。净资产总额 102.12 亿元，净资产收益率为 7%，固定资产合计 22.36 亿元，较 2020 年减少 14%。各区企业资产情况见表 4-7。

表 4-7 各区持证种子企业资产情况

区	总资产（亿元）	固定资产（万元）	净资产（亿元）	总资产≥1 亿元企业数	固定资产≥5 000 万元企业数
海淀区	96.39	72 656	52.85	12	5
昌平区	6.11	13 419	3.51	1	1
通州区	7.29	5 299	3.39	1	0
朝阳区	9.23	21 117	4.37	2	2
大兴区	8.41	15 000	3.74	2	0
房山区	0.06	0	0	0	0
丰台区	4.12	4 005	2.88	1	0
平谷区	0.67	2 253	0.61	0	0
顺义区	7.63	14 050	4.44	2	1
延庆区	1.59	10 358	0.65	1	1
怀柔区	0.59	1 305	0.10	0	0
石景山区	0.87	0	0.30	0	0
西城区	36.48	62 712	24.40	2	1
密云区	1.17	1 364	0.88	0	0
东城区	0.03	53.97	0	0	0

1. 规模企业情况

2021 年北京市 12 家规模企业（销售额过亿元）资产总额 108.29 亿元，资产均过亿，净资产总额 63.04 亿元，净资产收益率为 8%，固定资产合计 13.89 亿元。

2. 育繁推一体化企业情况

2021 年北京市 12 家育繁推一体化种子企业资产总额 83.83 亿元，资产过亿企业一共 11 家，净资产总额 53.29 亿元，净资产收益率为 9%，固定资产合计 12.26 亿元。

3. 进出口企业情况

2021 年北京市 23 家持有进出口种子生产经营许可证企业资产总额 47.65 亿元，资产过亿企业有 5 家，净资产总额 25.01 亿元，固定资产合计 2.84 亿元。

4. 外资企业情况

2021年北京市10家外资种子企业资产总额10.89亿元，资产过亿企业有4家，净资产总额5.51亿元，净资产收益率为14%，固定资产合计1.83亿元。

六、2012—2021年间北京市持证种子企业发展变化

党的十八大以来，北京市种子企业在数量、规模、科技研发水平、品种推广竞争力上都有了较大的提高，企业作为行业主体逐渐成为科技研发的中坚力量，审定品种数量逐年增多。

（一）企业数量和资本规模逐年增加

自2011年以来，由于农业农村部修订《农作物种子生产经营许可管理办法》，大幅度提升的许可准入标准对种子企业提出了更高的要求，2011—2015年企业数量逐渐减少，主要原因是企业由于受资金和规模的限制，在市场的竞争中逐渐被淘汰，继而转型从事其他行业或者调整为开展不再加工分装种子的销售。到2015年企业数量为183家，是10年间企业数量最少的一年，详见表4-8。

表4-8 2012—2021年北京市持证种子企业基本情况

年份	部级发证（家）	省级发证（家）	区发证（家）	企业总计（家）	总资产（亿元）
2021	33	45	227	305	180.65
2020	35	41	227	303	185
2019	29	39	197	265	169.8
2018	27	36	186	249	133.5
2017	27	39	163	229	177.81
2016	31	35	128	194	131.58
2015	27	44	112	183	133.41
2014	26	51	124	201	113.96
2013	28	53	166	247	114.81
2012	27	59	205	291	95.5

自2016年8月新的《农作物种子生产经营许可管理办法》施行以来，特别是生产经营“两证”合一审批权下放政策的施行，生产经营的许可条件不再要求提交

注册资本及固定资产等材料，这些政策的施行，给北京市种子企业的生产经营活动带来很多便利，北京持证种子企业数量开始逐年增加。企业也通过兼并重组等方式快速发展，北京市育繁推一体化企业也由 8 家增至 13 家。

（二）企业销售稳中有升

2012—2021 年，北京市持证种子企业销售额逐年增加，市场占有率逐渐扩大（图 4-2）。2016 年以来，几家集团公司整合资源、兼并重组、扩大规模，逐步成为种子领军企业，部分中型种业企业注重科技研发，逐年加大科研投入，不断涌现新品种，发展势头良好，逐渐有赶超大企业的态势。

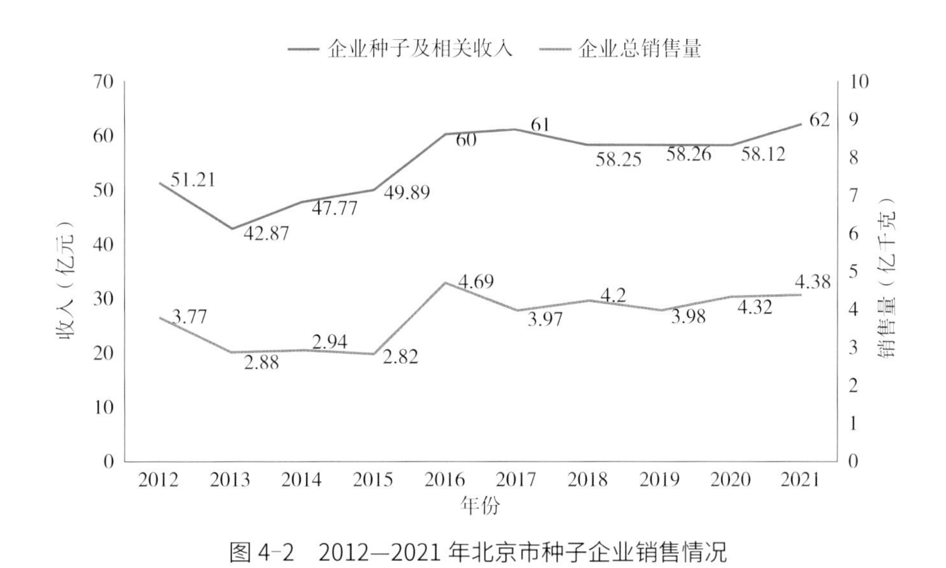

图 4-2　2012—2021 年北京市种子企业销售情况

（三）企业兼并重组情况

2012 年以来，种业作为国家战略性基础性产业，受到国家前所未有的重视，加之随着现代种业的快速发展，社会各方的资金也不断向种业融入，国内多家大型企业之间也相互兼并组建大型种业企业。这期间，北京市种子企业的构成和格局也有了一定的变化，大型集团化企业的加入，增强了北京市种子行业总体实力，企业通过融入资金和兼并重组等方式，增强了综合实力，体现出了较强的上升力，企业实力的增强及多元化的发展与变化更加利于行业的快速发展。

2015 年，中国林木种子集团有限公司、现代种业发展基金与北京屯玉种业有限责任公司签署战略投资协议，两家公司共向屯玉投资 3.2 亿元，其中中国林木种子集团有限公司持股比例为 38.32%。

2015 年 1 月 29 日，由北京顺鑫控股集团有限公司、北京市农林科学院、北京农科院种业科技有限公司、现代种业发展基金有限公司共同出资成立北京顺鑫农科种业科技有限公司，注册资金 1.7 亿元，是一家主要经营玉米杂交种的股份制种业企业，2018 年取得育繁推一体化生产经营许可。

2018 年，袁隆平农业高科技股份有限公司通过并购，以 13.87 亿元收购新三板挂牌企业北京联创种业股份有限公司 90% 股权。北京联创种业股份有限公司成为袁隆平农业高科技股份有限公司的控股子公司。

2020 年，中化集团和中国化工宣布将旗下农业资产注入新设立的“先正达集团”。中国种子集团有限公司成为先正达集团股份有限公司的全资子公司。

第五章

种业管理与服务

2021年，北京市种业主管部门围绕种业振兴工作主线，在种质资源、种业科技联合攻关、良种更新、北京种业大会等重点工作上有效推进。同时，随着农业综合执法改革逐步到位，种子管理站基本稳定，全市种业主管部门积极为“十四五”开好头、起好步、推动北京种业快速发展、振兴北京种业作出贡献。

一、种子管理技术支撑体系

（一）质量检验检测体系

北京市共有7家种子检测机构。其中6家正常开展检测业务，分别是农业农村部植物新品种测试中心，农业农村部国家农作物种子质量监督检验测试中心，密云区种子质量监督检验站，北京市农林科学院蔬菜研究中心、玉米研究中心、杂交小麦研究中心；1家由于搬迁新址暂停检测工作。

2021年，北京市种业管理系统发挥技术优势，不断提升种子质量监管和技术水平，保障全市种子质量安全。一是完成2021年登记监管作物DNA指纹构建与比对分析，对番茄等7个作物的183个品种利用SSR和SNP两种标记方法对DNA进行指纹分析，构建指纹图谱。通过指纹分析，番茄品种能够被完全区分，辣椒和甘蓝均有2个品种区分不开，甜瓜、西瓜、黄瓜和大白菜分别有8个、6个、6个和2个品种区分不开。二是继续推进北京市农作物品种标准样品“三库一平台”建设，为品种鉴定和管理提供支撑。2021年累计接收审定/登记农作物标准样品共计330份，涉及14种作物。标准样品的登记接收工作均做到数量足、信息清、承诺实。三是完成586个库存品种的农艺性状信息、DUS信息、DNA指纹的整理和录入工作，进一步丰富了农作物标准样品信息系统的内涵，为品种信息的比对奠定了基础。四是协助做好种子检测机构考核工作，对3家检测机构新申请或扩项的项目进行了能力验证考核，对4家机构进行现场评审，其中3家已通过整改获得农作物种子检测资格证。

（二）品种试验和评价指标体系

2021年在主要农作物品种管理上，新进入区域试验的品种均按照新修订的《国家级玉米品种审定标准（2021年修订）》执行，把握审定标准向“适度从严”转变。在非主要农作物管理上，市种子管理站依法强化登记审查，品种登记提质降速。

为进一步促进北京现代种业创新高质量发展，促进现代种业创新成果转化，2021年开展了审定登记品种展示示范评价工作，市种子管理站以项目为依托，将基地建设、展示评价指标体系建设、展示评价结果宣传利用结合起来，促进现代种业创新成果转化。一是建立展示评价网络，发挥展示评价先导作用。2021年，北京市农作物品种试验展示基地和丰台区世界种子大会品种展示基地被评为首批国家级农作物品种试验展示基地。同时，市种子管理站基地也纳入了市农业农村局农业科技试验示范基地管理。二是规范品种评价指标体系，帮助农民实现“看禾选种”。市种子管理站从2019年开始连续开展品种展示评价工作，使之逐步科学化、规范化、标准化，确定了北京市主要农作物审定品种跟踪评价体系。

2021年登记品种申请数量锐减，且申请品种中新选育品种占比达到了42.6%，是2020年度的5倍之多，同时以向日葵为试点，开展登记品种指纹库建设工作，提高品种登记工作质量。结合展示体系建设，建立主要农作物新品种示范方，开展了玉米品种示范3 200亩，示范品种7个，构建优势科研单位+在京骨干种子企业+京郊合作社/种植大户等多方联动的品种联合攻关推广应用新模式，示范区做到良种良法配套，突出品种增产潜力和配套技术模式相结合。

1. 审定备案

2021年审定通过小麦、玉米、大豆新品种20个，绿色优质和特殊类型品种占比为85%，比2020年提高3.7%，审定工作完成时间比2020年提前了42天。引种备案5个玉米品种，其中特殊类型品种3个，高产稳产类型品种2个。

2. 品种登记

全年共受理审查非主要农作物品种登记278个，通过审查品种183个，涉及大白菜、番茄、辣椒等14种作物。向农业农村部申请撤销向日葵登记品种30个，已公告撤销11个。全年共安排北京市登记品种符合性验证试验8组，验证品种82个。对比历年北京市登记品种数量情况，2021年度通过登记品种数量最少，为207个，比2020年度下降63.6%。

3. 展示示范

依据评价体系，2021年度开展小麦、玉米、大豆新品种安全评价试验10

组、参试品种65个、试验点次50个。经综合评价，表现较好的有31个品种。为了解登记品种特性，合理推荐品种，规避品种种植安全隐患，安排樱桃番茄、辣椒等主要蔬菜作物登记品种安全评价试验10组、参试品种157个、试验点次20个。经综合评价，表现较好的品种有28个。

（三）行业服务体系

1. 行政许可

2021年，按照“精简审批事项、压缩审批时限、减少审批环节、方便群众办事”的原则，继续助力深化行政审批改革。市农业农村局制定《北京市农作物种子办理标准手册》，为北京市政府服务大厅受理人员受理材料和企业办理许可事项提供了便利，提高了企业满意度，进一步规范了许可工作。实施食用菌菌种生产经营许可证核发及农作物种子生产经营许可变更事项告知承诺制，将告知承诺办理方式的办理时限缩减到0个工作日，提高企业满意度，打造良好的营商环境。全年市、区两级共受理种子生产经营许可申请179件，办结177件，审核同意了116份进口作物试验种植计划并实地核查。

2. 抽样检测

2021年，重点组织开展春秋两季种子市场质量抽检、流通领域种子质量监测、救灾备荒种子抽查等活动，全市共抽查种子企业（门店）共计133家，抽取种子样品共计431份，种子质量合格率为98.9%；开展转基因成分检测，累计完成区试品种、市场抽检样品和南繁基地样品等共计1 362份样品的转基因成分检测，其中南繁育种材料中有2份检出转基因，并在规定时间内对这些材料进行了销毁，其余均未检出转基因成分，确保了北京市农业转基因生物安全。

3. 南繁管理

强化服务意识，发挥桥梁作用，通过专题宣讲、微信群等多种形式，解读有关政策，协调解决南繁单位在基地运行中的难点问题，组织完成了35家南繁单位设施备案工作，解决了困扰多年的设施合规问题；组织北京南繁单位参与南繁科技城建设，目前有北京大北农生物技术有限公司等5家单位入驻生物育种专区试运行。建立自查与抽查相结合的监管方式，在各单位自查的基础上，突出重点作物、重点单位对基地育种材料进行抽查，对抽查中发现问题的基地严格按照有关规定进行整改，并列入下一年度重点检查单位，进一步强化对北京南繁科研育种基地的监管。持续推进南繁单位科研生产安全承诺制，引导北京南繁单位严格遵守有关法律法规要求，依法依规南繁，树立北京种业良好形象。近三年稳定的南繁单位有42家，主要分布在陵水、三亚、乐东三市县，科研人员750人，获得新品种数量960余个。

4. 种质资源普查

2021年从全市11个区征集资源349份，系统调查资源436份；完成第一批6家市级农作物种质资源保护单位授牌，首次开展了农作物种质资源保存单位监督检查及资源质量监测工作，从四家单位资源库抽取样品共计500份，其中蔬菜150份、谷子30份、玉米和小麦各160份；开展优质资源扩繁与鉴定，扩繁资源30份，累计收获种子44千克，累计鉴评资源67份。

5. 种业基础信息共享

为全面掌握全市种业发展动态，全市种子管理部门对全市持证企业生产、经营、科研信息进行全覆盖采集，并对采集数据开展梳理、比对与深入分析，同时搜集全国及世界种业信息并进行横向比较，对比往年数据进行纵向比较，编写完成《2021年度北京市农作物种业发展报告》，为政策制定提供支撑，为企业决策提供参考，为行业服务指明方向。

6. 种子供需形势及价格动态监测

根据北京地区种植特点，在春、夏、秋3个播种时期，有针对性地开展市场供需调度工作，春季重点对种苗市场供应情况向全市种苗生产企业进行调度。突出重点，做好大作物调度。北京种子企业经营作物以玉米、水稻、小麦为主，结合这三大作物特点，开展春季、夏季、秋季全程调度，通过数据分析，对三大作物种子市场变化趋势进行预判，保证种子足量供应。

为全面掌握种子终端市场动态，了解市场行情，市种子管理站依托零售门店开展了价格监测工作。2021年全市10个价格监测点全年共上报价格数据18 892条，其中蔬菜价格数据占88%、玉米价格数据占12%。

7. 植物新品种权宣传

为提升种业从业人员植物新品种权意识，2021年市种子管理站继续开展北京市植物新品种权保护宣传示范工作。征集17家企业55个获得品种权的玉米品种，线上线下同展示，在丰台和通州展示基地开展田间展示，首次打造720度体验场景的北京市玉米新品种电子展厅进行线上展示；在《中国种业》微信公众号对15家示范单位进行宣传，重点宣传企业的介绍和主推品种的信息；在第二十九届中国北京种业大会上，重点宣传植物新品种权保护相关内容，引导企业自觉维护种业知识产权合法权益，创造公平公正的种业营商环境。

二、行业协会服务

（一）北京市诚信企业创建活动

为了促进企业自律，提高全行业的诚信意识，打造企业品牌，树立行业形象，自2018年起，连续四年组织会员企业参加了“北京市诚信企业创建活动”，共计24家企业获得“北京市诚信创建企业”称号。

（二）参加北京企业诚信论坛

为加快推进北京市企业信用体系建设，广泛开展行业诚信宣传教育，积极弘扬诚信文化，强化种业企业社会责任担当意识，北京种业协会于2021年9月13日参加了第十一届北京企业诚信论坛。论坛旨在分享诚信建设成果，促进企业高质量发展和高标准诚信建设。

（三）倡议保护种业知识产权

为深入贯彻中共中央、国务院关于加强知识产权保护的决策部署，抵制种业套牌侵权等违法违规行为，北京市种业协会在2021年11月底，向所有会员发出倡议，从树立理念、维护合法权益、遵守法规到积极配合监管执法四方面，促进种业知识产权保护工作。

（四）推动玉米产业链可持续发展，支撑产业全面升级

2021年10月18—22日，第二十九届中国北京种业大会成功举办，北京种业协会作为承办单位之一，举办了开幕式中“全国杰出贡献玉米自交系”发布活动，也

作为主办单位，与中国种子协会、通州区人民政府合力举办了第二届全国玉米种子及产业链峰会。

来自玉米全产业链的专家、学者、企业家共聚北京，共谋产业高质量发展。此次峰会以“种业振兴 产业融合 粮安天下”为主题，通过发布“全国杰出贡献玉米自交系”系列主题报告、对话交流、展览展示等，发挥我国第一大粮食作物——玉米科技创新引领作用，促进北京种业高质量发展，助力种业振兴。

第二届全国玉米种子及产业链峰会突出了几大亮点，首先，致敬产业贡献者，55 个“全国杰出贡献玉米自交系”，由它们组配的杂交玉米品种，自 1982 年至 2019 年累计推广面积达 125 亿亩，为国家粮食总产和单产增加作出了重要贡献。其中，北京市单位选育 9 个自交系和引进 2 个自交系，累计推广面积 46.3 亿亩，在 55 个自交系中占比 37.04%。其次，推动玉米产业转型升级，十余位行业领袖通过主题报告和对话交流，献策玉米产业发展。育种、栽培、加工、食品、贸易等领域领导、专家、企业家，就各领域前沿话题和焦点问题进行主题报告和对话交流，共享产业链创新技术、分享科研与实践成果，共同推动中国玉米产业转型升级。再次，发挥大会平台作用，峰会搭建玉米新品种展示交流平台，征集了一批玉米品种，在通州国际种业园进行田间种植展示。该次峰会还设置了玉米产业链展览展示区域，通过对玉米应用成果的展览，让参会人员对玉米产业链有更全面的认识，推动产业上下游的融合。展示内容包括科研院所、大型企业关于玉米育种、生产、应用等产业链方面的产品、成果。最后，线上线下广泛服务、宣传提升行业影响，进行多角度的宣传报道，同时探讨玉米全产业链的发展路径，种业在其中的引领作用，挖掘大会举办的意义及深度内涵。从会议前中后期对大会进行了全面报道，合计完成图文报道 30 条以上，直播 5 场，短视频 4 条，报道总点击量超过 300 万次。宣传覆盖面广，既有专业型媒体，又有综合型推广平台。10 月 18 日晚央视新闻联播报道了大会盛况，《人民日报》、新华社、中央电视台、《中国文化报》等 30 余家媒体进行报道，南方 +、今日头条、微赞、快手等多个直播平台宣传报道，大大提升了大会的影响力。

（五）2021 年度“最具价值种子经销商”推荐活动

种子经销商是专门从事种子销售的主体，是种业产业链上的重要角色。为了让优秀的经销商有更多、更好的发展机会，促进种子经销商群体和全行业的良性发展，同时，扩大北京市种业交流和成果转化的影响范围，北京种业协会作为协办单位参与了由全国农业技术推广服务中心为指导单位、中国农业科学院农业传媒与传播研究中心为主办单位举办的“最具价值种子经销商”评选活动。根据参评单位填报的数据和评价规则，共评选出 15 个获奖主体。

（六）出版《2020 年全球玉米种子及产业发展报告》

由北京种业协会联合国家玉米产业技术体系、中关村国科现代农业产业科技创新研究院共同完成，多位业内高水平专家共同参与编写。报告立足国内，放眼全球，涵盖近年来全球及中国玉米生产、种业、消费、价格与贸易、科技创新、加工和政策等产业链各环节内容，同时分析玉米产业存在的问题，并对未来 5 年全球及中国玉米产业发展进行展望，是近年来我国在玉米领域内容最全面的一份产业研究报告。报告分为引言、全球玉米种业及产业发展现状、中国玉米种业及产业发展现状、近期中国玉米种业及产业发展展望与建议。2021 年 8 月中旬，由中国农业科学技术出版社正式出版发行。

（七）驰援河南抗洪救灾

2021 年 7 月，河南水灾，郑州及周边地区大面积农田积水，农业生产受灾严重，灾后重建、恢复生产、防疫等任务艰巨。北京种业协会立即采取行动，第一时间与河南省种子协会、河南省农业科学院及河南农业大学紧密沟通，及时获取受灾最新情况，向全体会员企业发起倡议，呼吁北京种业企业发扬“一方有难、八方支援”的传统美德。会员企业迅速响应，捐赠财物 2 250 余万元，共同助力河南灾后恢复农业生产。

附录一　2021 年北京市种子工作大事记

1. 4 月 19 日，北京市农业农村局正式发布公告，公布经市种子管理站审查确认的第一批北京市种质资源保护单位名单。最终确定挂牌名单分别是依托北京市农林科学院的北京市农作物种质资源库（包括玉米、麦类、谷子、蔬菜）和北京市百合种质资源圃，依托北京绿富隆农业科技发展有限公司的北京市芳香蔬菜种质资源圃。

2. 4 月 28 日，北京市第 39 批主要农作物审定品种名录发布，对北京市 2021 年审定通过的 12 个玉米新品种、5 个大豆新品种予以通告。通过审定品种中，高产稳产品种 3 个，占比 17.6%；绿色优质和特殊类型品种 14 个，占比 82.4%。

3. 7 月，北京通农检测技术有限公司获得了农作物种子质量检验机构资质证书，成为北京市首家企业性质的种子质量检测机构，具备多种作物品种纯度及品种真实性分子检测能力。

4. 8 月 13 日，北京市委书记蔡奇就农村疫情防控和农业农村现代化到通州区于家务乡检查调研。走进科技小院和村民家中了解“庭院经济”发展情况，对设立垃圾分类红黑榜、户户有家训等做法表示肯定。走进神州绿鹏农业科技有限公司，了解航天工程育种、分子精准育种等方面创新成果。蔡奇强调，要把现代农业发展得更好，要抓好“种业”这个第一产业中的“高精尖”，打造种业创新高地，要千方百计拓宽农民增收渠道。于家务乡作为少数民族乡，要争做民族团结模范。要加强农村基层党组织建设，切实提升基层治理水平。要因地制宜推进美丽乡村建设，把乡村建设得更美，更好承接城市副中心功能辐射和外溢。市委书记蔡奇对于家务乡各项工作提出明确要求，为全乡今后发展指明了方向。

5. 8 月 20 日，市种子管理站将已整理完成的 2021 年北京市种质资源普查征集资源 37 份和 2020 年在海南扩繁资源 18 份，与北京市农林科学院完成交接。

6. 2021 年北京市完成农作物种质资源普查征集 464 份、系统调查 438 份，超额完成国家任务。8 月 26 日，北京市农作物种质资源库揭牌仪式在北京市农林科学院农科大厦举办。北京市农业农村局、北京市农林科学院相关负责人，北京市种子管理站，北京市农林科学院蔬菜研究所、玉米研究所、杂交小麦研究所等相关负责同志和专家参加了仪式。由北京市农业农村局组织确定的第一批共21家农业种质资源保护单位，对6万余份农作物、2个畜禽地方品种、1.5万份畜禽遗传材料、6个水产品种、2万余份农业微生物种质资源实施重点保护。

7. 9月1日，《蔬菜品种真实性和纯度田间检验规程》通过审查。北京市市场监督管理局组织召开了《蔬菜品种真实性和纯度田间检验规程》地方标准审查会，该标准由北京市种子管理站负责编制。专家对标准送审稿进行了审查，认为该标准能够指导北京地区蔬菜品种纯度田间种植鉴定，同意该标准通过审查。

8. 10月9日，中国种子集团有限公司完成总部工商变更迁入注册手续，顺利在三亚崖州湾科技城取得工商营业执照，这标志着首家种业央企从北京正式迁入海南。中国种子集团有限公司将依托先正达集团中国，以迁址落户三亚为契机，积极投入“南繁硅谷”建设，加大央企对海南产业结构调整的支持力度，布局与中央文件鼓励产业和央企主业优势高度契合的产业项目，加快海南南繁科技城项目建设，为推动南繁产业高质量发展、打好种业翻身仗作出更大贡献。

9. 第二十九届中国北京种业大会于10月18—22日在北京园博园举行。该届大会首次升级为国家级的种业大会，主题为“一粒种子 改变世界 种业振兴 北京先行”。除开幕式外，还设置了中国玉米种子及产业链峰会、北京蔬菜种业峰会、北京畜禽种业峰会、首届北京国际种业论坛共4场峰会。在丰台区王佐镇的世界种子大会品种展示基地和通州区种业园区设置了两个分会场，开展实地品种展示观摩活动，共展示720个蔬菜和玉米作物优势品种。该届大会参展企业达到400余家，覆盖玉米、蔬菜、畜禽和水产育种等领域，还有食品、生物科技等种业产业链上下游企业参展。大会还设置了北京现代种业突出创新成果展区，包括畜禽种业展区、农作物和林果种业展区、水产种业展区、种业基础研究展区、先正达集团展区、平谷通州现代种业创新示范区展区和知识产权保护区，突出体现北京现代种业对全国种业发展作出的积极贡献。

10. 10月18日，北京现代种业成果展在第二十九届中国北京种业大会开幕式期间正式展出，展出了北京市农林科学院、中国农业大学、中国农科院、北京市水产技术推广站、北京市畜牧总站、首农、先正达、通州和平谷两个园区9家单位的种业成果，此项成果展获得了参会领导和同行的一致好评，也成为该次大会的一个亮点，受到多方媒体的关注。

附录二　2021 年北京市种子工作重要文件

北京市农业农村局 北京市财政局
关于印发《2021 年北京市设施农业良种
更换工作实施细则》的通知

各区农业农村局、区财政局：

为深入贯彻落实市农业农村局、市发展改革委、市科委、市财政局、市园林绿化局《关于印发〈北京现代种业发展三年行动计划（2020—2022 年）〉的通知》（京政农发〔2020〕24 号），市农业农村局、市财政局联合印发了《北京“千村万户”良种更新工程（2020—2022 年）实施方案》（京政农发〔2020〕110 号），将对全市设施农业进行一次良种更换。现将《2021 年北京市设施农业良种更换工作实施细则》印发给你们，请认真抓好落实。

2021 年北京市设施农业良种更换工作实施细则

按照市农业农村局、市财政局《关于印发〈北京“千村万户”良种更新工程（2020—2022 年）实施方案〉的通知》（京政农发〔2020〕110 号）要求，为切实有效做好 2021 年北京市设施农业良种更换工作，制定本实施细则。

一、实施范围

本市范围内 2021 年度设施农业实际生产占地面积。

二、补贴对象

在实施范围内进行良种更换的生产主体，包括种植户、家庭农场、企业、园区、合作社以及育苗场等。

三、补贴标准

每亩购买种子（含种苗，下同）所需费用补贴 200 元；所需费用不足 200 元的，以实际发生为准。

四、补贴原则

实行先换后补的原则，各生产主体在本区补贴品种名录内自愿选择品种，自行到合法种子销售单位购买种子并留存有效票据凭证，切实将所购的种子用于设施农业实际生产，经公示、审核等相关工作程序后，享受设施农业良种更换补贴。

五、工作程序

（一）制定良种名录

各区农业农村局组织本区有关单位会同市种子管理站、市农业技术推广站等根据本区生产需求实际，研究确定 2021 年本区设施农业良种更换品种名录，报市种子管理站备案，并向生产主体公布；各区生产主体在本区补贴品种名录内自愿选择。

（二）做好面积统计

由各村委会对本村范围内生产主体购种情况和良种更换面积进行统计，报乡镇政府；由各乡镇政府对辖区内各村委会统计上报以外的生产主体购种情况和良种更换面积进行统计。村委会、乡镇政府分别填写《2021年设施农业购种情况和良种更换面积清单》（附件1）。

（三）组织审核公示

设施农业良种更换工作实行公示制度，村委会、乡镇政府对申请补贴的生产主体进行资质审核、公示。公示内容包括：生产主体姓名、种植作物、作物品种、种植面积、补贴面积等，公示时间不少于7天。

（四）乡镇汇总上报

各乡镇政府对辖区内的设施农业良种更换有关材料进行审核公示后，汇总上报本区农业农村局。

（五）落实补贴资金

各区农业农村局审核确认《2021年设施农业购种情况和良种更换面积清单》后，汇总形成《2021年设施农业良种更换明细汇总表》（附件2）及资金申请文件，报市农业农村局，同时抄送本区财政局。市农业农村局汇总各区情况后，报市财政局并将补贴资金拨付各区。各区财政局按照明细汇总表和资金申请文件，拨付资金至各乡镇。各乡镇向本辖区内进行设施农业良种更换的生产主体拨付补贴资金。（具体补贴资金流程可参考菜田补贴实施办法）

（六）做好总结

各区农业农村局及时总结本区设施农业良种更换工作情况，于2021年12月底前，将总结正式报至市种子管理站。

六、保障措施

（一）切实加强组织领导

各单位要高度重视良种更换工作，切实把该项工作作为稳定“菜篮子”生产供应、增加生产主体收入、促进设施农业发展的重要举措来抓。设施农业良种更换实行属地负责制，各区农业农村局是组织主体，市相关部门负责指导和协调各项工作的推进。

（二）明确部门责任分工

各部门明确分工，落实责任，密切配合，推动工作顺利实施。市农业农村局负责统筹协调全市设施农业良种更换工作，设立设施农业良种更换工作推进办公室，挂靠在市种子管理站。市农业技术推广站负责组织做好农技服务相关工作。市、区财政局负责落实补贴资金预算、拨付等工作。区农业农村局负责制定本区工作方案，公布本区补贴作物类型和品种名录，落实本区设施农业良种更换工作，组织落实补贴面积，审核汇总本区补贴情况，确保补贴面积及申报资金真实无误。市区种子管理部门要加强种子质量的监督检查，严把种子质量关，确保获得补贴的种子质量达到标准。种子销售单位要规范销售行为，开具有效票据凭证。

（三）强化工作监督管理

良种更换工作已经纳入乡村振兴实绩考核，各区农业农村管理部门要建立健全良种更换工作明细档案，确保乡镇级有落实表，村级有到户清单名册。

各区农业农村局要落实种业监管执法年要求，严厉打击销售假冒伪劣种子、随意抬高种子价格等坑农害农的不法行为。

设施农业良种更换工作实施情况要纳入市、区、镇“大棚房”巡查制度监管范围，通过实地巡查走访等方式，调查了解面积落实、服务质量、种子质量等有关情况，及时纠正工作中出现的各种问题，确保良种更换工作规范有序开展。

补贴资金要专款专用，按照规定程序落实，严禁发放现金。任何单位和个人都不得虚报良种更换面积，不得套取、挤占、挪用补贴资金。对于补贴情况弄虚作假、组织不力延误资金兑现等问题，市、区有关部门将依据有关规定严肃处理并追究责任。

（四）加强技术指导和宣传服务

各级农业技术推广部门、社会化服务组织要根据设施农业良种更换情况制定配套生产技术规程，整理成技术明白纸，加强新品种展示示范、技术培训和现场指导，确保生产主体把良种“换得上、种得好”。各实施单位要充分利用多种媒体手段加大良种更换政策宣传力度，充分调动良种更换的积极性。

附件 1 2021 年设施农业购种情况和良种更换面积清单

________区________镇（乡）____________村 / 单位（公章）

序号	用种户姓名 / 单位名称	种植作物	种植品种	种植面积（亩）	补贴面积（亩）	购种数量（袋、粒、克等）/ 购苗数量（株等）	种子价格（元 / 袋、元 / 粒、元 / 克等）/ 种苗价格（元 / 株等）	种子 / 种苗销售企业名称	购种总金额	申报补贴金额	签字	联系电话
合计												

备注：1. 种植面积为设施农业实际生产的播种面积，累计茬口。

2. 补贴面积为设施农业实际生产的占地面积，不分茬口。

村 / 单位负责人签字： 联系电话：

附件 2　2021 年设施农业良种更换明细汇总表

＿＿＿＿＿区

镇（乡）	村名 / 单位名称	种植作物	种植名称	种植面积（亩）	补贴面积（亩）	购种数量（袋、粒、克等）/ 购苗数量（株等）	种子价格（元 / 袋、元 / 粒、元 / 克等）/ 种苗价格（元 / 株等）	申请补贴（元）	种子 / 种苗销售企业名称
合计									

备注：1. 购种 / 购苗数量：生产主体实际从种子 / 种苗销售企业购买的种子 / 种苗数量。
　　2. 种子 / 种苗价格：生产主体所选择品种的种子 / 种苗销售价格。

审核人签字：

主管部门公章：

北京市农业农村局
关于印发《北京市 2021 年种业监管执法年活动方案》的通知

各区农业农村局：

按照《农业农村部办公厅关于印发〈2021 年全国种业监管执法年活动方案〉的通知》（农办种〔2021〕1 号）总体要求，深入落实《北京现代种业发展三年行动计划（2020—2022 年）》（京政农发〔2020〕24 号）有关要求，为加强种业知识产权保护，严格品种和市场监管，强化执法办案，全面净化种业市场，营造种业创新发展的良好环境，结合我市种业市场监管工作实际，现将《北京市 2021 年种业监管执法年活动方案》印发给你们，请认真抓好落实。

北京市农业农村局

2021 年 6 月 4 日

北京市 2021 年种业监管执法年活动方案

为全面净化种业市场，落实打好种业翻身仗部署要求，切实加强北京种业市场监管，强化知识产权保护，激发种业创新发展活力，推动本市现代种业高质量发展，根据有关要求和我市种业市场监管工作实际，开展北京市 2021 年种业监管执法年活动。

一、基本思路与目标

（一）基本思路

按照党中央关于打好种业翻身仗部署要求，以推动种业治理体系和治理能力现代化为目标，强化种业知识产权保护，加强种业监督检查，加大种业执法力度，提高种业执法能力，覆盖品种管理、市场监管、案件查处全链条，强化部门协同和上下联动，不断提高治理成效，营造创新主体有动力、市场主体有活力、市场运行有秩序的良好发展环境。

（二）工作目标

通过加强种业知识产权保护，有力打击侵权套牌等违法行为，明显增强品种权保护意识；通过严格品种管理，逐步解决品种同质化问题；通过集中整治和监督检查，制售假劣、非法生产经营转基因种子等行为得到有效遏制，主要农作物种子抽查质量合格率稳定在 98% 以上；通过强化种业领域日常监管与执法办案的协调配合，种业治理成效更加明显。2021 年市、区两级农业农村部门种业监管年度工作目标如下。

——市级目标：组织对区级农业农村部门种业监管执法工作现场指导检查，覆盖率不低于 40%；组织对部市发证种子、种畜禽企业等进行现场检查，覆盖率不低于 50%，被检查企业问题整改合格率 100%；组织开展市级种子质量监督抽查，抽取种子样品数量不少于上年；对农业农村部转办督办的投诉举报线索依法及时处理，书面反馈率 100%。

——区级目标：对区级发证的种业企业现场检查覆盖率不低于50%；对辖区内种子经营门店抽查检查覆盖率不低于50%，对被抽查门店备案经营品种抽样覆盖率不低于30%，对辖区内种畜禽生产经营企业监管覆盖率达到100%，被检查企业、经营门店问题整改合格率为100%；辖区内生产经营主体备案率及生产经营品种备案率为100%；达到刑事移送条件的案件，向公安部门移送率为100%。

二、重点内容

坚持问题导向和目标导向，在春夏秋冬关键时间节点，对重点环节、重点品种、重点区域组织开展集中治理，加大违法案件查处，全面净化种业市场。

（一）强化种业知识产权保护

1. 加强法律法规建设。推动《北京市种子条例》立法工作，紧扣“大城市小农业”“大京郊小城区”市情农情，立足首都种业发展特点和实际，发挥科技创新资源密集优势，建立健全种业创新和支持机制，着力提升种业自主创新能力和市场竞争能力，为建设“种业之都”提供法律保障。

2. 加大品种权保护力度。各级农业农村部门要组织开展植物新品种权保护培训及普法宣传，要强化行政执法、仲裁、调解等手段，建立侵权纠纷案件快速处理机制；各区农业农村局应当在纠纷调解、证据保全、责令停止侵权、依法处罚等方面担当作为，坚决维护品种权人合法权益。以杂交玉米、蔬菜为重点作物，探索植物新品种权保护的有效途径。

（二）严格品种管理

3. 狠抓品种审定监管。提高主要农作物品种审定标准，健全同一适宜生态区引种备案制度，加大审定品种撤销力度，大幅减少同质化和重大风险隐患品种。做好本行政辖区国家主要农作物联合体、绿色通道试验监管。

4. 启动登记品种清理。按照农业农村部统一部署，开展非主要农作物登记品种清理工作，审查上报违规品种。

（三）加强种子和种畜禽监管

5. 规范种业生产基地监管。各区农业农村局要对辖区内的良种繁育基地实行全覆盖检查，重点核查制种企业的生产经营许可、生产备案、产地检疫、动物疫病净化等内容。市级种子管理部门要督促有外埠生产基地的本市种业企业规范生产经营行为。

6. 加强种子企业检查。重点检查生产经营档案、包装标签及种子质量、真实性、转基因成分等。落实分级分类监管要求，对检查中发现问题及投诉举报较多或有重大种子案件的企业，加大检查抽查频次，实行品种检查全覆盖；对于信用好、开展种子质量认证等企业可减少检查频次。协助农业农村部对承担 2021 年国家种子储备任务的企业开展全覆盖检查。

7. 加强市场检查。一是农作物种子市场监管，在春季、秋季等用种关键时期，重点检查种子包装标签、生产经营备案、购销台账，开展种子质量、真实性、转基因成分检测等。组织开展明察暗访。强化属地管理部门对电商渠道种子经营行为的监管。二是种畜禽市场监管，重点检查无证（含过期、超范围）生产经营、假冒优质种公牛冷冻精液、系谱档案、养殖档案不全等问题。各级农业农村部门应将许可信息录入“种畜禽生产经营许可管理系统”，对工作进行自查。开展种畜禽质量监督检验。

（四）加大种业执法力度

8. 严查种业违法案件。以品种权侵权、制售假劣、无证生产经营、非法生产经营转基因种子等为重点，加大案件查办力度。一般案件按属地管理原则由区级查处，跨区域、重大复杂案件由市级查办或组织查处、挂牌督办，查处结果及时公开。

9. 建立健全执法协作机制。强化跨区域种业执法联动响应、信息共享机制。健全种业监管部门和农业综合执法机构分工协作机制，坚持问题导向，确保形成工作合力，做到事有人办、责有人担。完善与公安、市场监管等部门的线索通报、定期会商、联合执法等工作机制，强化部门间协作配合。加强种业行政执法与刑事司法的衔接，对涉嫌构成犯罪的案件，及时移送公安机关依法处理。

10. 强化种业执法能力。将种业执法作为 2021 年农业行政执法大练兵活动的重要内容。以提升种业执法实务技能为重点，加强培训，提高执法办案水平。利用全国农业综合执法信息共享平台、种业大数据平台等，提高执法信息化水平。

三、工作要求

（一）加强组织领导。各级农业农村部门要高度重视，明确主体责任，抓好组织落实。各区农业农村局和有关单位要按照“双随机、一公开”以及行政执法“三项制度”等要求开展执法活动，并及时在相应服务平台公示有关查处结果和行政处罚信息。

（二）压实监管责任。市级农业农村部门要发挥牵头抓总、统筹协调、督导检查作用，按照方案要求，抓好工作任务的安排部署。区级农业农村部门要按照部署要求落细落小，抓好具体实施。要加强简易种业案件及纠纷的快速处理，建立“绿色通道”，有效降低维权成本，力争将案件纠纷就地化解。

（三）加强宣传总结。要开展工作经验做法、典型案件等宣传，及时回应社会关切，震慑违法行为。要加强信息报送，区级农业农村部门每月20日前报送工作动态信息1篇以上，首次报送时须同时报一名区级信息工作联系人。及时开展工作总结，今年12月10日前将种业监管执法年活动总结及附表（含种业典型案例1个）书面报送我局。

联系人：

北京市农业农村局种业管理处 雷杰（农作物）、邬研明（畜禽）

电话：82031934、82031834

北京市农业综合执法总队 孙增辉、仇妍虹

电话：82028489 62248612

北京市种子管理站 牛茜

电话：62248694

北京市畜牧总站 王晓凤

电话：64898421

北京市动物疫病预防控制中心 张跃

电话：60275253

附件：1. 2021年种业监管执法年任务完成情况表

2. 2021年种业监管执法年监管执法情况表

附件 1 2021 年种业监管执法年任务完成情况表

填表单位：　　　　　　　　　　　　　　　　　　　　填表日期：　　年　月　日

内容	市级				区级								
	对区级现场指导检查覆盖率	对部市级发证企业检查覆盖率	被检查企业问题整改率	农业农村部转办案件反馈率	对区级发证企业检查覆盖率	被检查企业问题整改率	对良繁基地检查覆盖率	对种子门店抽查覆盖率	对门店备案品种抽样覆盖率	企业及门店检查问题整改率	辖区内生产经营主体备案率	生产经营主体经营品种备案率	达到移送条件的案件向公安移送率
完成情况													

注：“完成情况”一栏按照工作完成情况据实填写，应填写具体数值，不可填写“是”或“否”。

附件 2　2021 年种业监管执法年监管执法情况表

填表日期：　　年　月　日

案件类型	执法情况									监管情况			
	出动执法人员数（人次）	立案数（件）	涉案种子数量（公斤）	处罚金额（万元）	办结案件		移送司法机关		处罚结果信息公开（件）	抽取样品数（个）	检查企业数（个）	检查门店数（个）	检查基地数（个）
					件数	涉案金额（万元）	件数	涉案金额（万元）					
品种权侵权													
制售假劣种子													
无证生产经营种子													
非法生产经营转基因种子													
其他													
合计													

注：数据截至填表时，包括市、区两级数据，不重复计算。

北京市农业农村局
关于开展保护种业知识产权专项整治行动的通知

各区农业农村局，各有关单位：

为进一步加强本市种业知识产权保护，严厉打击种业套牌侵权等违法违规行为，按照《农业农村部办公厅关于开展保护种业知识产权专项整治行动的通知》（农办种〔2021〕4 号）总体部署，从今年 8 月开始，在本市集中开展种业知识产权保护专项整治行动。现将有关事项通知如下。

一、基本思路

按照党中央关于种业振兴的部署要求，以强化种业知识产权保护为重点，以集中整治为抓手，坚持市级统筹、部门协同和上下联动，严格落实国家关于种业知识产权的法律法规，加快推进地方法规修订、品种清理和案件查处等关键举措落实落地，为激励原始创新、净化种业市场、促进种业振兴营造良好环境。

二、重点任务

（一）法规建设专项行动。采取“废旧立新”的方式推动《北京市种子条例》立法工作，明确立足北京现代种业发展实际和创新特点，发挥科技资源优势，建立健全跨部门跨区域联动保护和行政司法协同保护机制，依法保护植物新品种权、育种发明专利权等育种领域知识产权权利人的合法权益等相关内容；积极推动《北京市种子条例》立法项目于 2022 年 1 月上市人大会审议。配合《北京市知识产权保护条例》立法工作，将植物新品种权保护纳入全市知识产权保护体系，推动本地优势特色种业产业发展。（市农业农村局种业管理处、法制处、科技处，市农业综合执法总队，市种子管理站）

（二）主要农作物品种管理专项行动。加强品种试验管理，加强田间试验现场检查，规范试验行为，开展试验技术人员培训，确保品种试验质量；提高本市品种审定标准，按照国家主要农作物品种审定标准，提高主要农作物品种审定标准，严格执行新颁布的《主要农作物品种审定标准》；进一步完善同一适宜生态区引种备案制度，规范建立引种备案品种标准样品库和DNA指纹图谱库，开展引种备案品种安全评价试验；建立审定品种常态化撤销机制，开展审定品种安全评价试验，对于符合撤销条件的品种依法撤销审定。（市农业农村局种业管理处、行政审批处，市种子管理站，各区农业农村部门）

（三）非主要农作物登记品种清理专项行动。严格审查登记材料，按照《非主要农作物品种登记办法》，严格审查非主要农作物品种登记材料，确保登记材料完整、准确；建立健全北京市登记品种标准样品库和DNA指纹图谱库；依法清理违规品种，开展登记品种符合性验证试验，对登记材料严重不符、DNA指纹和田间比对结果均无差异品种，依法向农业农村部提出撤销品种登记建议，配合农业农村部开展非主要农作物登记品种清理。（市农业农村局种业管理处、行政审批处，市种子管理站，各区农业农村部门）

（四）种子生产经营检查专项行动。加强种子生产田检查，对本市辖区内玉米、小麦种子生产田开展全覆盖检查。检查内容包括生产备案、委托合同、授权合同、品种真实性及亲本来源。严厉打击盗取亲本、抢购套购等侵权行为；加强种子企业检查，采取市区联动方式，市级以主要农作物杂交种子生产经营企业为主，区级以登记作物种子生产经营企业为主，检查覆盖率不低于70%，检查内容包括：企业生产经营品种的来源、授权情况及许可证副证品种申报情况，落实分级分类监管要求，对检查中发现问题及投诉举报较多或有重大种子案件的企业，加大检查抽查频次，实行品种检查全覆盖；对全市抽检的杂交玉米种子样品开展转基因成分检测，严禁非法转基因种子流入农田；组织开展明察暗访，强化属地管理部门对电商渠道种子经营行为的监管。（市农业综合执法总队，市种子管理子站，市农业农村局种业管理处、科技处，各区农业农村部门）

（五）种业知识产权行政执法专项行动。针对我市种业企业被侵权相对较多、维权取证难等问题，组织开展种业知识产权保护培训及普法宣传，探索建立种业企业维权平台和侵权纠纷案件快速处理机制，提升种业知识产权维权服务水平。以品种权侵权、制售假劣、生产经营含有非法转基因成分的种子等为重点，加大案件查处力度。对于跨区域、重大复杂案件由市级查办或组织查处，查处结果及时公开.及时向农业农村部报送植物新品种权保护典型案例。做好种业展会企业资质和品种授权审查，展会期间做好种业知识产权咨询服务和巡查处理工作。（市农业综

合执法总队，市种子管理子站，市农业农村局种业管理处、法制处，各区农业农村部门）

（六）行政执法和司法保护协作配合专项行动。全面落实最高人民法院和农业农村部强化种业知识产权保护合作备忘录相关事项，加强业务交流、人才交流和信息共享。

建立与公安、市场监管、知识产权等部门的线索通报、定期会商、联合执法等长效工作衔接机制，强化部门间协作配合，共同研究把握种业侵权行为新发展形势，共同完善种业侵权行为鉴定流程和标准。加强种业行政执法与刑事司法的衔接，综合运用技术、行政、司法等多种手段，推行全链条、全流程监管，对涉嫌构成犯罪的案件，及时移送公安机关处理。（市农业农村局法制处、种业管理处，市农业综合执法总队，各区农业农村部门）

（七）企业自律和信用建设专项行动。充分发挥各级种子行业协会的协调、服务、维权、自律作用，规范企业行为。积极推荐我市种业企业参加中国种子协会组织开展的种子企业信用等级评价，发布种业知识产权保护倡议书，充分发挥法律服务团作用，为企业提供有力法律服务。实施好北京市植物新品种权保护宣传示范项目，提升我市种业知识产权保护意识，引导种业企业规范种业知识产权保护行为。（北京种业协会，市农业农村局种业管理处，市种子管理站，各区农业农村部门）

三、工作要求

（一）加强组织领导。各级农业农村部门、各有关单位要高度重视，明确主体责任，抓好组织落实，推动构建法制完善、监管有力、行业自律的现代种业治理体系。各区农业农村部门要按照专项行动任务要求制定具体落实方案，年底前报送整治行动工作总结。

（二）压实属地责任。市级农业农村部门发挥牵头抓总、统筹协调、督导检查作用，按照专项行动任务要求，重点抓好工作任务的安排部署。各区农业农村部门及有关单位要按照部署要求落细落实，按照属地监管责任抓好具体实施。

（三）畅通举报渠道。及时向社会告知农业农村部设立的受理社会举报电话（010-59192079），种业案件投诉举报二维码、电话、信件、电子邮件等平台；市农业农村局受理社会举报电话为 010-82028489；各区农业农村部门也要及时向社会公布举报电话和其他受理形式，接受举报，做好核查反馈。

（四）加强宣传总结。要开展专项整治行动工作经验做法、典型案件等的宣传，回应社会关切案件，震慑违法行为。

北京市农业农村局

2021 年 8 月 26 日

（联系人：雷杰；联系电话：82031934；电子邮箱：leijie@nyncj.beijing.gov.cn）